EXPOSITION UNIVERSELLE DE 1862.

MACHINES

ET

INSTRUMENTS D'AGRICULTURE

PAR

M. HERVÉ-MANGON

PARIS

IMPRIMERIE CENTRALE DES CHEMINS DE FER

DE NAPOLÉON CHAIX ET Cⁱᵉ,

Rue Bergère, 20, près du boulevard Montmartre.

1863

EXPOSITION UNIVERSELLE DE 1862.

MACHINES

ET

INSTRUMENTS D'AGRICULTURE

EXPOSITION UNIVERSELLE DE 1862.

MACHINES

ET

INSTRUMENTS D'AGRICULTURE

PAR

M. HERVÉ-MANGON

PARIS

IMPRIMERIE CENTRALE DES CHEMINS DE FER

DE NAPOLÉON CHAIX ET Cie,

Rue Bergère, 20, près du boulevard Montmartre

1863

EXTRAIT

DES RAPPORTS DU JURY INTERNATIONAL DE L'EXPOSITION DE 1862

Publiés par MM. Napoléon Chaix et Cie, rue Bergère, 20, à Paris

CLASSE IX.

RAPPORT SUR LES MACHINES

ET INSTRUMENTS D'AGRICULTURE

Par M. HERVÉ-MANGON.

OBSERVATIONS GÉNÉRALES.

La mécanique agricole a pris, depuis quelques années, un développement extraordinaire. Elle constitue maintenant l'une des branches importantes de la science des machines.

Pour l'observateur sérieux qui parcourt les campagnes et qui assiste aux solennités agricoles, pour le propriétaire qui constate l'augmentation croissante du prix de la main-d'œuvre et le nivellement des prix de vente que tendent à produire les voies nouvelles de communication, le doute n'est plus permis : il faut, de toute nécessité, que l'agriculteur ait recours partout à des moyens nouveaux et économiques de production. La science qui a créé l'industrie moderne doit à son tour transformer l'agriculture. Les chefs d'exploitation ne peuvent plus rester étrangers aux notions de mécanique, de physique, de chimie et d'histoire naturelle. Les ouvriers ruraux, pour devenir des aides dignes de leurs chefs, doivent recevoir une plus large part d'instruction élémentaire, car aucune industrie ne réclame des ouvriers plus attentifs, plus intelligents, plus moraux, que l'agriculture moderne.

Les faits se chargent de répondre chaque jour aux personnes qui mettent encore en doute les services que l'agriculture peut attendre des sciences mécaniques. Une observation à cet égard ne sera cependant pas inutile pour expliquer certaines critiques trop souvent reproduites sans examen. Le but à atteindre et le moyen le plus simple de réalisation varient d'un pays à l'autre : il faut donc bien se garder de confondre la position d'un problème et sa solution, comme le font à tort les personnes qui s'occupent de mécanique agricole d'une manière trop superficielle.

S'agit-il, par exemple, de travailler la terre ? Sa constitution physique et chimique, le climat, la nature de la végétation spontanée, mille circonstances enfin qui passent inaperçues pour l'observateur inattentif, modifient les conditions à remplir, et rendent détestable ici un instrument excellent ailleurs. Est-ce à dire que la mécanique n'a aucun principe fixe et que la routine est son meilleur guide? Non assurément. Les principes sont les mêmes partout; quand on croit les mettre en contradiction avec la pratique, c'est qu'ils ont été mal appliqués, que le problème a été mal posé, et que la solution proposée ne s'applique pas à la question donnée. Autant vaudrait accuser l'arithmétique d'une addition mal faite que la science des machines de semblables erreurs.

La Commission royale d'Angleterre, chargée de l'organisation de l'Exposition, avait décidé qu'il ne serait pas fait d'essais des machines agricoles. Cette décision, regrettable à beaucoup d'égards, est particulièrement fâcheuse pour la France, car plusieurs de nos appareils auraient obtenu un incontestable succès dans une expérience sérieuse. Pour combler, autant que possible, la lacune laissée par la suppression des essais, je reproduirai, dans ce rapport, quelques-uns des résultats obtenus dans les derniers concours de la Société royale d'agriculture d'Angleterre , auxquels j'ai pu assister.

La France ne comptait dans la classe IX que quarante et un exposants. Quelques-uns de nos grands fabricants s'étaient malheureusement abstenus. On pouvait cependant apprécier facilement les développements rapides de cette branche de notre industrie. Plusieurs de nos fabriques d'instruments agricoles comptent chacune plusieurs centaines d'ouvriers, et leurs produits, justement appréciés à l'étranger, donnent lieu à un commerce d'exportation déjà considérable. On sait d'ailleurs que beaucoup d'ouvriers intelligents et de petits fabricants établis dans les campagnes, construisent, soit entièrement, soit en achetant dans les grandes usines certaines pièces métalliques, de bons instruments, souvent remarquables par des dispositions fort originales, et qui concourent, pour une très-large part, à répandre dans nos départements l'emploi d'un matériel agricole perfectionné. C'est donc avec raison que les auteurs du catalogue français ont fait observer que notre exposition, quoique très-remarquable en elle-même, était loin d'exprimer l'universalité des progrès réalisés depuis quelques années dans le matériel agricole des plus modestes localités.

On reproche souvent aux instruments anglais leur prix élevé. Ce reproche exige une observation. La différence des services rendus par un bon et par un mauvais instrument est toujours plus grande que la différence de leur prix d'achat. Rien de mieux assurément que l'économie du matériel agricole; mais, avant d'insister sur l'abaissement du prix des machines, il convient d'abord d'insister sur leur bonne et solide exécution. Rien n'est plus coûteux, pour celui qui l'emploie, qu'un instrument à bon marché, fait au rabais, avec des matériaux médiocres et mal travaillés.

Un volume ne suffirait pas, à beaucoup près, pour traiter les nombreuses questions réservées à l'examen de la classe chargée de l'étude du matériel agricole et des principales améliorations foncières. Obligé de me renfermer dans les limites imposées à ce rapport, je me bornerai à mentionner les machines nouvelles ou véritablement utiles.

Il serait impossible, dans un travail aussi peu étendu, de suivre pas à pas la classification officielle anglaise (1). On se bornera donc à se rapprocher, autant que possible, de ses divisions principales, qui diffèrent assez peu, d'ailleurs, de celles des programmes des concours français. Ce rapport sera donc divisé en six sections, savoir :

1º Instruments pour la préparation du sol; culture à vapeur;

2º Semoirs, distributeurs d'engrais, houes à cheval;

3º Appareils de récolte;

4º Machines de granges et de cours; ustensiles de laiterie; véhicules et harnais;

5º Drainage, desséchements, irrigations;

6º Machines et outils de jardinage; objets divers.

----

(1) Cette énumération occupe, pour la classe IX seulement, deux pages de la classification anglaise. Ce chiffre indique assez, à lui seul, la variété des objets soumis à l'examen de cette classe

SECTION I.

INSTRUMENTS POUR LA PRÉPARATION DU SOL, CULTURE
A VAPEUR.

———

CHAPITRE PREMIER.

CHARRUES.

La charrue est à bon droit l'un des symboles du travail
rural. L'étude de cet instrument essentiel doit donc précéder
celle de tous les autres appareils destinés à la préparation
du sol.

Les charrues anglaises sont, pour les uns, l'objet d'une
vive admiration, pour les autres le sujet de critiques sévères.
Les premiers, à l'appui de leur opinion, montrent les champs
de l'Angleterre, dont la terre est si admirablement préparée;
les autres répondent que la charrue anglaise, malgré de
nombreux essais, se répand à peine sur le continent. Quelques remarques préliminaires à cet égard doivent nécessairement trouver place ici, avant d'aborder l'examen des instruments de cette classe exposés au palais de Kensington.

Plusieurs dispositions des charrues anglaises sont incon-
testablement bonnes à imiter. La longueur des mancherons,
la position bien choisie du point d'attache des animaux, le
solide agencement des différentes parties de l'instrument,
sont généralement appréciés. Mais la grande longueur du
versoir, la douceur des courbures qu'il présente, son raccor-

dement avec le soc, étonnent les cultivateurs du continent,
et font quelquefois l'objet de leurs critiques. Ces dispositions,
cependant, s'expliquent facilement.

En Angleterre, le travail de la terre s'exécute généralement
à l'aide de plusieurs instruments employés successivement. La
charrue divise le sol et le retourne par bandes parallèles parfaitement régulières. Un second labour, perpendiculaire au
premier, vient ensuite, presque toujours, couper les bandes
du sol en prismes d'égale longueur. Ceux-ci, à leur tour,
sont soumis à l'action de scarificateurs, de rouleaux brise-
mottes, de herses énergiques, qui émiettent complétement le
sol et régularisent parfaitement la surface.

Les cultivateurs anglais regardent donc comme la meil-
leure, toutes choses égales d'ailleurs, la charrue qui coupe
la bande de terre le plus nettement possible et la retourne
sans la briser. C'est le but que se proposent tous les bons
constructeurs de charrues ordinaires, qui ne modifient les
formes de leurs instruments que dans les limites très-étroites
imposées par les diverses natures du sol.

Sur le continent, au contraire, on demande généralement
à la charrue, non-seulement de couper le sol en bandes et de
le retourner, mais encore de lui faire subir un émiettement
plus ou moins complet.

En réalité, on désigne sous le nom unique de *charrue*
des instruments dont les fonctions sont assez différentes. Il
ne faut donc point juger une charrue d'une manière abstraite;
il faut, au contraire, apprécier l'ensemble du système de machines dont elle n'est que l'un des organes, et se borner à
juger le degré de perfection avec lequel cet organe remplit
la fonction particulière qui lui est attribuée.

Si les essais de charrues anglaises faits en France n'ont
point satisfait tous les praticiens, cela tient, entre autres
causes, à ce qu'on n'a pas importé en même temps les instruments destinés à l'accompagner, pour compléter et termi-
ner son travail. On lui a demandé d'émietter le sol, ce qui

n'est point son rôle, et on lui a reproché l'impuissance de
nos herses légères sur les sillons de formes géométriques
qu'elle prépare pour le passage des instruments suffisamment
énergiques employés dans les fermes anglaises.

Les charrues des bons constructeurs anglais résolvent de
la manière la plus remarquable le problème du labourage
posé comme on le fait en Angleterre. Mais pourquoi, se de-
mandera-t-on, le problème du labourage est-il posé en Angleterre autrement qu'il ne l'est ordinairement sur le continent?

Les fermiers des pays d'herbages des côtes de Normandie
peuvent seuls comprendre avec quelle énergie le sol tend à
s'herber dans presque toutes les parties de l'Angleterre. Un
climat doux, souvent brumeux, des rosées abondantes et
presque journalières font la richesse des herbages, et donnent
au sol une propension vraiment incroyable au gazonnement.
Lutter continuellement contre l'envahissement de l'herbe
est une condition essentielle de la culture des terres arables.
Or, le gazon de chaque bande de terre coupée régulièrement, retournée et même un peu tassée contre la bande
précédente, se trouve complétement à l'abri de l'air; l'herbe
jaunit en quelques jours, pourrit rapidement, et ne repousse
pas comme elle le ferait après le passage de charrues bri-
sant la surface des bandes de terre, ne les appliquant pas
exactement les unes contre les autres, et laissant à l'air un
libre accès entre les fragments de terre plus ou moins irré-
guliers.

Tel est assurément l'un des motifs de la forme des bons
versoirs anglais; motif utile à signaler, car il prouve, une
fois de plus, combien le climat, la nature du sol et une
foule de circonstances, que les étrangers n'ont point le
temps d'analyser en traversant un pays, et que les agriculteurs indigènes eux-mêmes ne constatent pas, faute de
termes de comparaison, influent sur la solution mécanique
des problèmes agricoles, problèmes que des mécaniciens
instruits résolvent toujours bien, quand ils sont convenable-

ment posés par des agriculteurs préparés par des études sérieuses à l'observation intelligente des faits pratiques.

Sans entrer, faute d'espace, dans de plus longs détails sur les conditions qui déterminent dans chaque pays les formes de la charrue, conditions essentielles et cependant trop souvent négligées par les mécaniciens et par les agriculteurs eux-mêmes, on comprendra, d'après ce qui précède, que les charrues doivent varier d'un pays à l'autre, non-seulement avec le but à atteindre, mais encore avec l'ensemble du matériel agricole de chaque contrée.

On rencontre encore fréquemment dans les campagnes anglaises beaucoup de charrues avec un age en bois; mais dans les concours les charrues sont entièrement en fer. Les grands constructeurs n'en font pour ainsi dire pas d'autres. Ici encore se pose une question bien souvent agitée : est-il préférable de faire l'age des charrues en bois ou de le construire en fer? La charrue, sous sa grossièreté apparente, est en réalité un instrument de précision; de très-légers déplacements relatifs de son point d'attelage et de ses principaux organes peuvent changer, dans une notable proportion, l'effort nécessaire à sa conduite. C'est dire assez que le fer, en principe, est préférable au bois dans la construction de ses diverses parties. On voit, en effet, les charrues de bois faire place peu à peu aux charrues de fer dans les parties avancées de la France, et l'on ne saurait douter que cette tendance ne devienne de plus en plus générale. Ce qui ne veut pas dire que, dès à présent, je conseillerais partout l'adoption de charrues entièrement en fer : dans les pays dépourvus d'ouvriers adroits et soigneux, l'age en bois doit être préféré. La décision de chaque cultivateur dépend, en cette matière, du personnel dont il dispose, du caractère plus ou moins industriel de la région qu'il habite.

La construction des charrues atteint en Angleterre, comme exécution, un degré de perfection des plus remarquables. Parmi les causes nombreuses et trop longues à indiquer en détail de ce fait incontestable, il en est une à mentionner, et dont l'importance sera facilement appréciée des constructeurs : c'est le développement considérable des usines spécialement consacrées à cette fabrication.

M. Howard, par exemple, le plus grand constructeur de charrues de l'Angleterre, en fabrique, d'après sa déclaration qui ne semble pas exagérée, de cinq à six mille par année. Son usine de Bedfort, établie entre un canal et un chemin de fer, reçoit, par la première de ces voies de communication, le fer, la fonte et la houille, et expédie, par le chemin de fer, les charrues fabriquées. La fonderie, la forge, l'ajustage, tout se fait dans l'établissement. Les ouvriers exécutent toujours chacun le même travail, et, secondés par un outillage parfait, produisent des appareils dont toutes les parties présentent un degré de perfection que l'on croirait impossible à obtenir dans une fabrication courante.

Il existe en France quelques usines justement renommées pour la bonne qualité des charrues qu'elles produisent; il est vivement à désirer qu'elles prennent encore plus de développement, et que quelques mécaniciens disposant de capitaux suffisants et possédant des connaissances théoriques et pratiques étendues, consacrent exclusivement leurs efforts à la fabrication de charrues montées ou de leurs pièces principales, dont l'assemblage se ferait par les ouvriers des campagnes, comme on le voit déjà dans beaucoup de départements. La fabrication en grand laisse une marge suffisante entre le prix de revient et le prix de vente pour donner un beau bénéfice, tout en assurant aux consommateurs de grands avantages comme exécution et qualité de matériaux.

Je dois signaler encore un détail d'exécution fort important pour nos fabricants, et qui a pu passer inaperçu pour beaucoup de personnes. La fonte joue un rôle énorme dans la fabrication des instruments agricoles en Angleterre et, en particulier, dans la construction des charrues. On la trouve, en effet, sous trois états différents : à l'état de fonte *moulée ordinaire*, à l'état de fonte coulée en coquille, ou, pour parler plus exactement, à l'état de fonte *trempée*, pour toutes les pièces qui exigent une grande dureté et que nous faisons ordinairement en acier, tels que les socs, les pieds de scarificateurs, et, enfin, à l'état de fonte *malléable*, mode d'emploi à peine pratiqué chez nous en agriculture, jusqu'à présent, et dont l'usage se répand d'une manière très-rapide en Angleterre. Je ne saurais assez appeler l'attention de nos grands fabricants français de machines agricoles sur cette matière. Tout établissement de quelque importance ne doit pas hésiter à monter un four pour cette fabrication, très-facile quand on y apporte des soins et qu'on ne s'occupe que d'un nombre de pièces limité, ce qui ne peut avoir lieu dans les fonderies où l'on fait toute espèce d'objets à façon, et où, par conséquent, on ne peut pas adopter, pour chaque pièce, les dosages et les durées de chauffe les plus convenables à ses formes et à ses dimensions spéciales.

Les constructeurs anglais polissent soigneusement leurs versoirs à la meule pour diminuer, autant que possible, le frottement et l'adhérence du sol. Autant le luxe d'un polissage inutile est déplacé dans les machines agricoles, autant il importe de ne pas négliger cette opération dans les pièces qui en ont véritablement besoin.

En résumé, nous pouvons emprunter beaucoup aux charrues anglaises, soit comme forme, soit comme exécution, mais en évitant de copier servilement les dispositions qui ne conviennent qu'à un climat spécial, ou qui entraîneraient comme conséquence l'adoption d'instruments que repousseraient encore nos pratiques locales. Il appartient à nos grands fabricants de charrues de chercher à modifier quelques types principaux, par de simples changements de pièces mobiles, de manière à satisfaire aux besoins ou aux usages des diverses parties de la France, sans introduire dans leur fabrication une multiplicité de modèles incompatible avec une production économique et régulière.

§ 1ᵉʳ. — Charrues anglaises.

Après ces observations générales, arrivons à l'examen plus détaillé des appareils exposés, en commençant par l'Angleterre, dont les produits sont naturellement plus importants et plus nombreux que ceux des autres pays.

Depuis 1855, et même depuis 1851, les charrues anglaises n'ont reçu que de légères modifications. Tous les fabricants se sont insensiblement rapprochés des modèles qui, dès lors, étaient considérés comme les plus perfectionnés. A la tête de cette fabrication se placent encore MM. J. et F. Howard, dont les ateliers sont un des plus frappants exemples de la force productive de l'Angleterre; M. Hornsby, M. Ransomes, et plusieurs autres.

Les charrues ordinaires de M. Howard sont trop connues pour qu'il soit utile de nous y arrêter; nous mentionnerons seulement : une charrue à arracher les pommes de terre, dont le versoir est remplacé par une série de barres arrondies disposées à peu près suivant les génératrices d'un demi-cône dont le soc serait le sommet; le travail de cet instrument est, dit-on, très-satisfaisant; une charrue sous-sol, sans versoir, d'une extrême solidité et d'une grande simplicité; enfin, les petits chariots pour transporter les charrues de la ferme aux champs, et réciproquement, dont le prix n'est que de 10 francs et dont l'usage est excellent.

Les charrues de M. Hornsby présentent plusieurs dispositions remarquables dans l'assemblage des rouelles et dans celui du soc, mais qui exigent une grande précision d'ajustage. Beaucoup d'autres fabricants ont exposé des charrues très-recommandables et offrant chacune quelque particularité digne d'attention, mais qu'il serait impossible de faire connaître sans dépasser de beaucoup les limites de ce rapport.

Je dois encore ajouter que l'emploi des labours croisés est très-répandu en Angleterre, et que les cultivateurs éclairés

leur attribuent les meilleurs résultats. On conçoit, en effet,
que ce procédé aère et divise le sol d'une manière parfaite,
et qu'il favorise admirablement l'action si efficace des mé-
téores sur la couche arable.

2. — Charrues françaises.

Bien que quelques-uns de nos meilleurs fabricants de
charrues se fussent abstenus d'exposer à Londres cette
année, l'exposition française offrait plusieurs appareils intéressants par leur nouveauté et l'esprit d'invention qui les
caractérise.

Dans la collection de M. Bella, de Grignon, on remarquait,
entre autres appareils : 1° un versoir de charrue garni à sa
partie inférieure et postérieure d'un appendice destiné à
aider au renversement de la bande de terre, non plus en
pressant sur elle de haut en bas, ce qui diminue la stabilité
de la charrue, mais de bas en haut ; 2° un versoir en cuivre
et un autre garni de petits éperons en bois, spécialement
destinés l'un et l'autre aux terrains calcaires, dont l'adhérence aux instruments rend le retournement difficile ; 3° une
charrue à versoir mobile pour remonter la terre quand on
laboure des terrains inclinés perpendiculairement à leur
pente ; 4° une charrue à défoncements, munie d'un fouilleur
pour mêler successivement le sous-sol au sol.

Parmi les objets exposés par M. Ganneron, se trouve la
charrue pour labours profonds, à deux corps et age tournant, de M. Vallerand. Ce n'est point ici le lieu d'examiner
la question des labours profonds : leur utilité, dans toutes les
circonstances où ils sont praticables, est aujourd'hui généralement admise ; les divergences d'opinion portent principalement sur la manière de les exécuter. Les uns pensent qu'il
convient de se borner à remuer le sous-sol sans le ramener
à la surface, et que son mélange avec la couche arable ne
doit avoir lieu que peu à peu. D'autres, au contraire, sou-

tiennent qu'on ne doit pas craindre de mêler ensemble le
sol et le sous-sol; qu'il faut enfouir le fumier très-profondé-
ment; en un mot, qu'il faut agir sur le sous-sol dans les labours profonds, absolument comme sur le sol dans les labours
ordinaires. Ces deux thèses opposées, comme toutes les opi-
nions extrêmes, sont sans doute trop absolues. Il n'est pas
douteux que la nature du sous-sol, celle du sol, la masse des
engrais disponibles et leur composition, ne doivent décider
la question dans chaque cas particulier. Quoi qu'il en soit, du
reste, M. Vallerand, lauréat de la prime d'honneur du département de l'Aisne, s'est proposé de construire une charrue
pouvant labourer à 0^m,50 de profondeur, comme les charrues ordinaires labourent à 0^m,15 ou 0^m,20 de profondeur.
Il a résolu ce problème difficile de la manière la plus satisfaisante. Sa charrue, dont les formes étonnent au premier
abord, attelée de douze bœufs, qui peuvent travailler toute
la journée, ouvre en terre forte une raie de 0^m,45 à 0^m,55
de profondeur, en laissant derrière elle une tranchée plus
semblable à un fossé profond qu'à un simple sillon. Elle retourne d'ailleurs la terre et enfouit le fumier de la manière
la plus parfaite.

Il est vraiment regrettable que cette charrue n'ait pas
fonctionné en Angleterre; il est impossible de deviner la
perfection de son travail sans la voir sur le terrain. Il
n'existe pas, à ma connaissance, de charrue anglaise capable
de lutter avec elle pour les labours à plat à grande profondeur.

3. — Charrues belges, italiennes et autres.

Les autres nations présentaient, en fait de charrues, à peu
près les mêmes instruments qu'en 1855. On remarquait seulement, surtout dans les pays du Nord, une exécution plus
soignée, et des formes plus rapprochées des modèles anglais.

En Belgique, on retrouvait les charrues de MM. Odeurs, Delstanche et autres bien connues dans nos départements du Nord. Dans plusieurs provinces belges, les charrues versent à gauche, ce qui leur donne un aspect différent de celui des charrues de presque toutes les autres parties de l'Europe. Les charrues belges sont simples, solides, et se rapprochent beaucoup des charrues françaises.

Le royaume d'Italie a réuni, dans son exposition, quelques charrues très-intéressantes par leurs formes solides et les indications qu'elles peuvent fournir à l'histoire de l'agriculture.

CHAPITRE II.

SCARIFICATEURS, EXTIRPATEURS, ROULEAUX ET HERSES.

§ 1er. — Scarificateurs, extirpateurs.

L'emploi d'appareils spéciaux destinés à compléter le travail de la charrue et à préparer celui des herses ordinaires, se généralise rapidement en France depuis quelques années. Les instruments plus ou moins analogues à la herse Bataille se multiplient, et on les applique maintenant avec économie à plusieurs opérations de culture que l'on faisait jadis avec la charrue seule. En Angleterre, où le labour a principalement pour but de couper le sol en bandes et de le retourner, le besoin d'appareils destinés aux façons légères a dû se présenter plus tôt que chez nous et leur emploi se généraliser plus rapidement.

Les instruments anglais de l'espèce qui nous occupe méritent une étude attentive. Ils présentent, en effet, de très-bons modèles, consacrés maintenant par une longue expérience, et auxquels on peut faire encore de nombreux emprunts.

Le scarificateur destiné à déchirer le sol avec de fortes

dents aiguës, et l'extirpateur garni de socs plats et tranchants analogues aux socs de ratissoires, ne forment en Angleterre qu'un seul instrument, c'est-à-dire que la même monture reçoit successivement, à l'extrémité de ses pieds en fer, des socs en fonte trempée de formes appropriées au travail à exécuter. Ici se présente encore l'emploi si avantageux des pièces en fonte presque sans valeur, que l'on change quand elles sont usées ou brisées, et qui permettent d'employer, pendant fort longtemps, aux usages les plus variés, un même châssis d'instrument, pourvu que sa construction soit assez solide pour résister aux efforts qu'il peut avoir à supporter. Si le prix des instruments de cette sorte paraît assez élevé en Angleterre, il ne faut pas oublier qu'ils tiennent lieu de deux ou trois appareils distincts, et que leur solidité leur assure une durée fort longue.

Les bâtis des instruments destinés à porter des socs de scarificateurs ou d'extirpateurs, se composent essentiellement d'un châssis, ordinairement de forme trapézoïdale, porté sur trois ou quatre roues, et auquel sont fixés un plus ou moins grand nombre de tiges, ou pieds, recourbés en avant, et à l'extrémité inférieure desquels se fixent par emboîtement, soit à simple frottement, soit avec une cheville, des socs en fonte trempée de formes diverses. L'ajustement des pieds avec le châssis doit être extrêmement solide, car les efforts qu'ils supportent sont considérables. On doit aussi apporter une grande attention au mécanisme qui sert à soulever les pieds par rapport aux roues, soit pour varier l'enture des socs, soit pour suspendre l'action de l'instrument aux tournants, ou pendant les transports de la ferme aux champs ou réciproquement.

L'Exposition ne renfermait pas de modèles nouveaux du cette classe si utile d'instruments. On ne remarquait que des modifications de détail bien difficiles à faire comprendre sans de nombreuses figures. On se bornera donc à insister de nouveau sur les avantages des socs en fonte de rechange bien fabriqués, qui permettent d'utiliser de plusieurs manières le même appareil, et à signaler comme les plus remarquables dans la famille d'instruments qui nous occupe, les machines suivantes.

Les scarificateurs anglais se rapprochent plus ou moins des types primitifs connus sous les noms de Biddell, d'Uley, de Smith et de quelques autres. Beaucoup de constructeurs les exécutent parfaitement ; on citera cependant d'une manière spéciale MM. J. et F. Howard, Ransomes, Garrett-Exall, Coleman et C. Clay.

§ 2. — Rouleaux.

Le rouleau à disques dentés de Croskill, pour les terres fortes, a été rapidement apprécié sur le continent. Tous les cultivateurs avancés connaissent cet instrument, qu'il serait inutile de décrire ici de nouveau. On dira seulement que les disques intermédiaires, à trou central d'un grand diamètre, sont maintenant généralement adoptés. La monture en bois, avec roues pour le transport du rouleau, n'a pas été sensiblement modifiée depuis 1855. Ces instruments sont, du reste, très-bien fabriqués par plusieurs de nos constructeurs français. A Londres, on remarquait particulièrement, cette année, le rouleau exposé par *the Trustees of Croskill*, de Berveley Le rouleau de Croskill s'est répandu dans toute l'Europe ; on en voyait des spécimens dans les expositions de plusieurs pays.

Les rouleaux à disques garnis de gorges comme des poulies, ou taillés en tranchants sinueux, sont encore assez nombreux dans les concours, mais ne se multiplient pas dans la pratique.

Le rouleau Croskill et les appareils imaginés avant et depuis son apparition pour certains sols particuliers, n'ont que des applications spéciales. Le rouleau cylindrique ordinaire est, au contraire, un instrument d'un emploi général qui rend à l'agriculture de nombreux services. En France, nos rouleaux en bois sont généralement trop légers. Leur monture laisse ordinairement beaucoup à désirer. Ils sont d'ailleurs d'un seul morceau, et toujours difficiles à faire changer de direction. En Angleterre, les rouleaux sont formés de trois bouts de cylindre montés librement sur un même axe, ce qui permet à l'instrument de tourner avec la plus grande facilité à l'extrémité des pièces de terre. Ce mode de construction, applicable à tous les rouleaux, mérite d'être imité.

L'emploi de la fonte en cylindres creux plus ou moins épais, suivant le poids nécessaire par unité de surface de compression, dans chaque pays, constitue aussi une grande amélioration dans la construction des rouleaux. La valeur à laquelle est tombé actuellement le métal permettrait de l'employer dans ces machines, sans dépasser un prix assez modéré, largement compensé d'ailleurs par la durée et la qualité de l'instrument.

M. Amies avait exposé un rouleau creux, fermé hermétiquement par un bouchon à vis, et dont on pouvait faire varier le poids en y introduisant un plus ou moins grand volume d'eau. Cette disposition est assez simple, mais ne paraît pas présenter un grand avantage sur l'emploi d'une caisse montée sur le rouleau, et que l'on peut charger à volonté avec de la terre ou quelques pierres.

§ 3. — Herses.

La herse trapézoïdale dite de Valcourt, à bâti en bois avec dents en fer, est un excellent instrument; le bois et le fer sont placés dans de bonnes conditions de résistance, et, avec de légères améliorations d'exécution, qu'une fabrique convenablement outillée réaliserait sans difficulté, cette machine simple et peu coûteuse conserverait longtemps chez nous sa supériorité. On remarquera cependant qu'il n'est pas facile d'accoupler deux ou trois herses de cette espèce, comme on a souvent essayé de le faire. Les herses en fer des constructeurs anglais satisfont, au contraire, fort bien à la solution de ce problème. Elles sont connues en France depuis déjà longtemps, et il suffira de rappeler qu'elles peuvent herser à la fois une largeur de $2^m,10$ à $3^m,05$, en y attelant deux chevaux qui marchent dans la raie, circonstance avantageuse en temps humide.

La herse en fer exposée par MM. Wallis et Haslam présente la forme générale de la herse de M. Howard; l'ajustement des dents, dont la tête embrasse le fer à T du bâti, et l'assemblage de tout l'appareil à l'aide d'un seul boulon par rangée de dents, paraissent très-satisfaisants comme arrangement mécanique; mais la complication des pièces et les fers creux spéciaux qu'elle exige, rendraient cet instrument peu recommandable pour les pays éloignés de la fabrique, sans l'aide de laquelle les réparations seraient coûteuses et difficiles.

M. Jacobson, de Christiania, exposait une herse norwégienne. Cet instrument se compose, comme on sait, de deux ou trois hérissons formés d'étoiles en fonte ou en fer, à pointes aiguës, tournant librement sur un arbre en fer, et portés par un châssis garni de petites roues. Cette machine, remarquable à beaucoup d'égards, est fort employée, dit-on, dans le nord de l'Europe. Il semblait devoir se répandre rapidement en Angleterre. Cependant, peu de mécaniciens anglais paraissent s'occuper sérieusement de sa construction, et on le rencontre moins souvent dans les campagnes qu'on ne l'aurait supposé, d'après l'accueil qui lui avait été fait lors de son apparition.

Plusieurs exposants ont présenté des herses à anneaux, espèces de cotes de mailles, à larges chaînons de différentes formes, que l'on traîne sur le sol pour compléter l'émiettement de la terre et recouvrir les graines fines. On doit surtout rechercher, dans cette classe d'instruments, ceux dont les

anneaux ont les formes simples et sont disposés de manière à
ne pouvoir ni s'emmêler, ni se bourrer d'herbes ou de terre.
L'emploi de ces outils est assez limité jusqu'à présent; cependant, ils pourraient être utiles dans quelques circonstances, et il est à désirer qu'ils soient soumis en France à
de plus nombreux essais qu'on ne l'a fait jusqu'à présent.

La Hollande et la Suède présentaient des spécimens de
herses circulaires rotatives à contre-poids. Ces instruments,
qui ont déjà figuré dans beaucoup de concours, ne paraissent pas appelés à rendre de grands services : ou bien ces
herses ne produisent pas la pulvérisation complète qu'on en
attend, ou bien elles absorbent une force considérable, par
suite des frottements inutiles que les dents éprouvent contre
la terre.

CHAPITRE III.

CULTURE A VAPEUR.

Le labourage à vapeur préoccupe déjà depuis longtemps
les mécaniciens; l'importance de ce problème et son oppor-
tunité le placent sur la première ligne des questions à l'ordre
du jour dans le monde agricole anglais. Bien que plusieurs
machines à labourer à vapeur aient déjà figuré dans les
expositions françaises, les progrès rapides réalisés depuis
peu m'obligent à donner des détails assez circonstanciés
sur ces appareils, que diverses circonstances m'ont permis
d'étudier, depuis quelques années, d'une manière particulière.

S'il est un genre d'entraînement auquel on doive résister
en agriculture, c'est assurément l'engouement des nouveautés
qui fait engager inconsidérément des sommes considérables
dans l'essai de méthodes ou de procédés que la pratique n'a
pas sanctionnés, et que les données scientifiques sont impuis-

santes à faire apprécier. Mais il est un autre écueil **non**
moins redoutable : c'est une résistance aveugle aux progrès
du temps; résistance qui fit repousser les armes puissantes
indispensables à la production économique des produits agricoles aussi bien que des produits manufacturiers.

Le labourage à vapeur est un des procédés qui peuvent
modifier profondément le régime agricole d'un pays. Le
temps est venu de l'étudier sérieusement et de ne pas se
laisser devancer dans cette voie nouvelle. Aux personnes
qui regarderaient comme improbable l'emploi, sur une grande
échelle, de la vapeur comme ouvrier des champs, je rappellerai que nous avons tous vu la machine à battre commençant à se montrer dans les campagnes, et certainement
moins perfectionnée que ne l'est aujourd'hui la charrue à
vapeur. Je rappellerai encore qu'en 1851, les agriculteurs
français les plus éclairés regardaient les machines locomobiles agricoles comme une curiosité britannique qui n'aurait
jamais sa place dans nos fermes, où, aujourd'hui, ces précieux moteurs se comptent par milliers.

Le labourage à vapeur mérite donc une attention des plus
sérieuses. C'est la plus importante des questions soumises
au jury de la classe IX.

§ 1ᵉʳ. — Description de la charrue Fowler.

Il serait impossible de décrire complétement, sans un très-
grand nombre de figures, les appareils de labourage à vapeur ; mais on essayera de faire au moins concevoir le principe de la plus parfaite de ces machines, celle de M. Fowler.
Il sera facile ensuite de lui comparer les autres dispositions
proposées, et de discuter les avantages ou les inconvénients
qu'elles peuvent présenter.

La charrue de M. Fowler se compose essentiellement d'un
fort bâti qui, vu de côté, présente la forme d'un V très
ouvert, dont les branches font entre elles un angle de

150 degrés environ. Le sommet inférieur de ce bâti repose sur un essieu porté par deux grandes et fortes roues à large jante. Chaque côté du bâti, à droite et à gauche de l'essieu, porte ordinairement quatre corps complets de charrues, dont les coutres et les socs sont tournés du côté des grandes roues de l'appareil. Il résulte de cette disposition que, si l'on abaisse l'un des côtés du bâti, les charrues de ce côté entameront le sol, tandis que les charrues du côté opposé seront soulevées au-dessus de terre. A l'extrémité du sillon, on fait basculer la machine sur l'essieu; les socs soulevés précédemment peuvent attaquer le sol en retournant vers le premier point de départ, tandis que les socs qui travaillent en venant sont soulevés et sans action pendant le voyage de retour. A l'aide de ce mouvement de bascule, qui fait donner à ces machines le nom de *charrues à balance*, l'appareil fonctionne soit en allant, soit en revenant, et toujours en versant la terre à droite et en faisant un labour à plat.

Un mécanisme aussi simple qu'ingénieux permet au laboureur, assis à l'arrière, d'incliner plus ou moins l'essieu sur la direction générale de l'instrument, et, par conséquent, de le diriger facilement pendant le mouvement de progression que lui imprime le câble moteur dont on parlera dans un instant. L'entrure des charrues se règle aussi avec facilité, même pendant la marche, en soulevant plus ou moins le bâti de la machine sur l'essieu des grandes roues.

On peut à volonté enlever les versoirs et les coutres, et remplacer les socs par des pièces de formes variées qui transforment l'appareil en charrue sous-sol, en scarificateur ou en extirpateur. M. Fowler construit aussi, pour l'usage de sa machine, un scarificateur à sept dents, d'une grande puissance, mais dont il est inutile de s'occuper ici en détail.

En résumé, on voit que les instruments de culture de M. Fowler sont montés de manière à pouvoir, par un simple mouvement de bascule, opérer en avançant dans un sens ou dans l'autre. Voici maintenant comment ce mouvement alternatif de progression leur est transmis par l'appareil moteur.

La machine à vapeur de M. Fowler est une locomobile de 12 à 14 chevaux, à deux cylindres conjugués, avec coulisse de Stephenson, pour le changement de marche et la fixation de la détente. Cette machine peut se mouvoir elle-même sur la surface plus ou moins irrégulière d'une terre arable.

Sous le corps cylindrique de la chaudière, et à une faible hauteur au-dessus du sol, se trouve une poulie horizontale de 1m,50 de diamètre environ. Cette poulie peut recevoir de la machine un mouvement de rotation dans un sens ou dans l'autre. Elle constitue, comme on va le voir, le véritable *treuil* moteur de l'appareil.

La locomoilbe étant placée sur l'un des côtés de la pièce à labourer, on dispose en face, sur l'autre côté, un appareil appelé *ancre*, formé d'une grande poulie horizontale, portée sur un chariot garni de disques tranchants qui s'enfoncent dans la terre pour assurer la stabilité de l'appareil. Un câble en fil d'acier enveloppe la poulie du treuil et la poulie de l'ancre; ses deux extrémités sont enroulées sur des tambours fixés au bâti de la charrue préalablement amenée sur la ligne qui joint l'ancre à la locomobile. On comprend facilement, d'après cette disposition, qu'en imprimant à la poulie motrice de la machine à vapeur un mouvement de rotation dans un certain sens, le câble sans fin enroulé sur cette poulie et sur celle de l'ancre entraîne la charrue de la machine vers l'ancre, et qu'en renversant le sens du mouvement, on puisse ramener la charrue de l'ancre à la machine.

On pourra, de cette manière, ouvrir une première série de sillons entre la machine et l'ancre dans toute la largeur du champ. Mais, pour continuer le travail, il faut nécessairement que la machine et l'ancre se déplacent entre chaque voyage de la charrue, d'une quantité à peu près égale à la

largeur labourée à chaque voyage. On a déjà dit que la
machine peut se déplacer à volonté; rien de plus simple par
conséquent que de lui faire exécuter le mouvement nécessaire.
Reste donc à déplacer l'ancre, et c'est ce que M. Fowler est
parvenu à exécuter avec la plus grande facilité, par une disposition des plus ingénieuses.

L'arbre de la poulie horizontale de l'ancre porte un pi-
gnon qui commande à volonté un treuil sur lequel s'enroule
un petit câble dont l'autre extrémité est attachée à un point
fixe, situé au bout de la ligne que l'ancre doit parcourir;
l'appareil se remorque donc lui-même sur ce câble, et avance
parallèlement à la locomobile elle-même d'une quantité réglée par la durée de l'embrayage du petit treuil et du pi-
gnon qui le conduit.

En résumé, une locomobile portant une poulie motrice
horizontale peut se mouvoir sur l'un des côtés du champ à
labourer; sur le côté opposé de ce champ, se trouve une
poulie de renvoi horizontale portée par un chariot qui peut
avancer parallèlement à la locomobile. Un câble sans fin
s'enroule sur ces deux poulies, et peut entraîner successivement la charrue à balance, attelée à l'un de ses brins, de la
machine vers l'ancre, et de l'ancre vers la machine, dans
toutes les positions que ces deux appareils occupent dans la
longueur du champ. Tel est le principe du mouvement général du système de labourage qui nous occupe. Quelques mots
sont nécessaires pour expliquer les remarquables dispositions
imaginées pour résoudre les problèmes difficiles que présente
ce mouvement si simple en apparence.

Revenons à la locomobile. Dans le modèle le plus récent
de M. Fowler, les roues d'arrière sont commandées par des
engrenages qui leur communiquent le mouvement de rotation nécessaire à la mise en mouvement de ce pesant appareil. Un système de leviers ramenés à l'arrière, à la main du
mécanicien, permet d'incliner plus ou moins l'avant-train
sur l'axe de la machine et, par conséquent, de la faire tour-

ner à droite ou à gauche, dans des courbes d'assez petit rayon. Dans les anciennes machines de M. Fowler, l'appareil se remorquait lui-même dans le champ, à l'aide d'un treuil et d'un câble fixé à l'extrémité de la ligne à parcourir. Cette disposition, moins élégante, sans doute, que celle actuellement adoptée, présente certains avantages pour les passages difficiles. Il serait bon de se réserver la ressource d'un treuil de halage installé sur la machine pour franchir les pentes trop roides, ou sortir d'une dépression formée, dans un sol très-meuble, par le poids seul de la machine.

Cette modification est d'ailleurs très-secondaire, comparativement au grand perfectionnement apporté à la poulie motrice du câble.

Dans les machines qui ont figuré dans les concours français, cette poulie portait trois gorges parallèles que le câbl· d'acier, renvoyé sur trois autres poulies accessoires, enveloppait en partie, pour obtenir l'adhérence nécessaire à la transmission de l'effort de traction considérable qu'il exerce sur la charrue. De cet enroulement compliqué du câble sur les gorges de la poulie motrice et des poulies accessoires, résultaient des difficultés et des embarras sans nombre, qu'il est impossible de deviner sans avoir employé soi-même cet appareil défectueux. Malgré l'attention la plus soutenue, le câble tombait quelquefois des gorges des poulies, se nouait dans le mécanisme et s'y brisait. Chacun de ces accidents se traduisait par une perte de temps et par un travail toujours pénible, et souvent dangereux pour les ouvriers. Tous ces inconvénients sont supprimés dans les nouvelles machines de M. Fowler, grâce à une disposition ingénieuse, et qui certainement trouvera beaucoup d'autres applications.

La gorge de la poulie motrice est formée d'une couronne de pièces mobiles dont les points de rotation sont disposés sur deux circonférences parallèles de la roue qui forme le corps de cette poulie. Ces pièces mobiles, prises deux à deux, forment de véritables mâchoires d'étau, qui saisissent d'autant plus fortement le câble d'acier qu'il est tiré plus énergiquement, et qu'il a besoin, par conséquent, d'une adhérence plus forte. Grâce à ces pièces mobiles, le câble transmet facilement toute la force nécessaire au mouvement de la charrue, en faisant seulement un demi-tour sur la gorge de la poulie motrice. Cet ingénieux mécanisme diminue beaucoup le poids de la machine, supprime des organes très-délicats, et fait disparaître les embarras inévitables dans les anciens appareils.

Les nouvelles ancres de M. Fowler sont préférables, à plusieurs égards, à celles qui ont figuré dans les concours français. Les disques tranchants sont mieux placés, l'embrayage du petit treuil de halage est plus commode, et la manœuvre par laquelle on peut faire suivre à l'ancre un contour sinueux est plus facile. Cependant les anciennes ancres fonctionnent d'une manière satisfaisante, et les personnes qui en ont déjà peuvent les user sans les faire modifier.

Dans ce qui précède, on a dit, pour abréger, que le câble allait de la charrue à l'ancre, sans donner à cet égard aucune explication. Il convient d'ajouter que, dans cet intervalle, il est supporté, de distance en distance, par des poulies verticales en fonte, montées sur de petits chariots légers que des enfants déplacent successivement Sans cette précaution. le câble traînerait sur la terre, s'userait rapidement, et produirait un frottement qui absorberait une force considérable (1).

Il reste à décrire un dernier perfectionnement apporté par M. Fowler à ses appareils, et qui n'a pas, non plus, encore figuré dans les concours français. On a dit précédemment que les extrémités du câble d'acier sont fixées à des tam-

---

(1) La traction d'un câble de 111 mètres, pesant 1 kilogramme le mètre courant, sur une terre non labourée, a exigé un effort de 238^k,83. Le même câble, placé sur des supports à poulies, pouvait être entraîné, à la même vitesse, avec un effort de 25^k,84 seulement.

bours montés sur le bâti de la charrue. Ces tambours sont destinés à enrouler une plus ou moins grande longueur de câble, de manière que sa partie libre soit toujours sensiblement égale au double de la distance qui sépare l'ancre de la machine à vapeur, et qu'il soit suffisamment tendu pour ne pas traîner sur le sol. Soit que les côtés du champ ne soient pas parallèles, soit que le câble s'allonge un peu, ce qui arrive souvent quand il est neuf, on est fréquemment obligé d'agir sur les tambours, pour donner au câble la tension voulue. Cette opération se faisait autrefois à la main, pendant les arrêts de la charrue; c'était un travail fatigant pour l'ouvrier, et une perte de temps d'autant plus sensible qu'elle se renouvelait plus souvent. Ce réglage de la tension du câble, condition si essentielle d'un bon travail, se fait automatiquement dans les nouvelles charrues de M. Fowler. Chacun des tambours d'enroulement peut, à son tour, par un mouvement très-simple d'embrayage et de débrayage, commander l'autre, à l'aide d'une chaîne de Galle disposée de manière que le tambour commandé fasse plus de tours que le tambour qui imprime le mouvement. Or, le tambour qui commande à chaque voyage est précisément celui sur lequel s'exerce la traction du câble. Il en résulte que pour chaque tour de câble *déroulé* sur ce tambour, il *s'enroule* plusieurs tours de câble sur l'autre tambour; de sorte que si le câble est trop lâche, il acquiert, par le fait seul de la mise en marche, la tension nécessaire au bon fonctionnement de tout le système. Ce perfectionnement facilite beaucoup le travail des ouvriers, évite des pertes de temps réitérées, et rend véritablement pratique la charrue de M. Fowler.

La substitution de la poulie motrice à gorge mobile aux poulies à plusieurs gorges des anciennes machines, est facile à effectuer, ainsi que le remplacement des anciens tambours de la charrue par les tambours auto-tendeurs. Ce sont deux améliorations qu'on ne saurait trop recommander aux possesseurs d'anciennes machines Fowler; les conditions prati-

ques du travail sont complétement changées, et la dépense
de ces réparations serait couverte en moins d'une campagne.

Un dernier point utile à signaler aux constructeurs français, c'est l'emploi du fil d'acier pour les câbles, au lieu du
fil de fer, qu'ils emploient trop souvent. Pour une force donnée, on gagne à peu près en poids ce que l'on perd sur le
prix plus élevé de la matière, et l'on obtient des câbles plus
durables et d'un maniement plus facile. La fabrication proprement dite du câble, avec ses âmes en chanvre, paraît d'ailleurs à peu près la même en France et en Angleterre.

La machine à vapeur de M. Fowler peut servir dans la
ferme comme une locomobile ordinaire; mais on comprend
qu'il y a un grand intérêt pour le fermier qui possède déjà
une machine de ce genre à pouvoir l'employer au labourage,
sans être obligé d'acheter un moteur spécial d'un prix fort
élevé. D'un autre côté, on ne peut se dissimuler que le déplacement continuel d'une machine aussi lourde que la locomobile Fowler avec tous ses accessoires, est loin d'être sans
inconvénient, soit pour elle-même, soit pour la zone de
terre qu'elle parcourt sur le bord du champ, et qu'il faut ordinairement reprendre avec une charrue ordinaire, à moins
de circonstances toutes particulières. On conçoit donc qu'il
y aurait un grand intérêt à pouvoir conduire une charrue à
l'aide d'une locomobile ordinaire installée dans un point facilement accessible, en dehors ou dans un coin du champ à
labourer, à côté d'un puits quand cela serait possible, pour
éviter les transports d'eau. Aussi, la Société royale d'agriculture d'Angleterre, dans tous ses concours, propose-t-elle un
prix pour le meilleur système de labour à vapeur propre à
remplir les conditions précédentes, à l'aide de machines de
moins de 10 chevaux de force. Plusieurs mécaniciens ont
cherché à résoudre le problème ainsi posé, et ont obtenu
déjà de remarquables résultats. Nous indiquerons d'abord
comment M. Fowler utilise une partie des appareils de son
invention pour atteindre ce second but.

Une poulie à gorge mobile, semblable à celle dont on a précédemment parlé, est montée sur un chariot. Cette poulie est mise en mouvement par une locomobile ordinaire, au moyen d'une courroie ou d'un arbre à joint de cardan. Un débrayage à double roue d'angle, ou tout autre mécanisme analogue, permet de faire tourner la poulie motrice dans un sens ou dans l'autre, sans changer le sens de marche de la locomobile. Cet appareil moteur est placé sur un des côtés du champ à labourer, et un peu en dehors de son périmètre. Deux ancres analogues à celle dont on a déjà parlé, sont placées aux extrémités, du côté opposé à celui où se trouve l'appareil moteur, et disposées de telle manière que chacune d'elles puisse suivre l'un des deux derniers côtés de la pièce. Un câble de fil d'acier enveloppe la poulie motrice, passe sur les poulies de renvoi des ancres, et vient enrouler ses deux extrémités sur les tambours de la charrue placée entre les deux ancres. Ce câble, entraîné par la poulie motrice, oblige la charrue à parcourir, tantôt dans un sens et tantôt dans l'autre, l'espace compris entre les deux ancres. Celles-ci s'avançant à chaque voyage d'une quantité égale à la largeur labourée pendant ce voyage, on conçoit donc que toute la surface du champ pourra successivement se trouver ainsi travaillée par la charrue. Le câble est d'ailleurs soutenu de distance en distance par les petites poulies à chariot dont on a déjà parlé. Au lieu d'une poulie motrice horizontale, M. Fowler emploie aussi, dans le cas qui nous occupe, un treuil à deux tambours, qui produisent, comme la poulie à gorge mobile, le mouvement de va-et-vient du câble et de la charrue qu'il remorque.

Dans ces derniers temps, M. Fowler a imaginé de relier une locomobile ordinaire à une ancre portant une poulie motrice. Dans son mouvement de progression, l'ancre entraîne la locomobile, et l'on se trouve ramené aux conditions d'installation décrites en premier lieu.

Les dispositions que l'on vient d'indiquer ont l'avantage de ne pas exiger de machine à vapeur spéciale, et de permettre, par conséquent, l'emploi des locomobiles que beaucoup de fermes possèdent déjà. Cependant, ce système de labourage ne saurait être économique avec de trop petites machines, et, dans les fermes importantes, il paraît plus avantageux, quant à présent, d'adopter la machine mobile dont il a été parlé d'abord.

§ 2. — **Fonctionnement de la charrue à vapeur et prix du travail.**

Après ces descriptions générales, il est nécessaire de donner quelques chiffres relatifs aux conditions mécaniques dans lesquelles fonctionnent ces appareils.

Dans les anciennes machines de M. Fowler, dont plusieurs existent en France, la poulie motrice a $1^m,27$ de diamètre, et fait un tour quand le volant de la machine à vapeur en fait un peu plus de sept ; de sorte que la charrue parcourt de $1^m,20$ à $1^m,30$ par seconde quand la machine fait de cent trente à cent cinquante tours par minute. Dans les nouvelles machines, la poulie à gorge articulée a $1^m,52$ de diamètre, ce qui permet, pour une même vitesse de la charrue, de faire marcher la poulie un peu moins vite. Dans les anciennes machines, en raison des temps perdus pour tendre le câble, des précautions nécessaires pour l'empêcher de tomber des gorges de la poulie, j'ai souvent remarqué que, dans un champ de 200 mètres environ de largeur, la vitesse moyenne de la charrue, arrêts compris, n'était guère que de $0^m,85$ par seconde pour une vitesse en marche de $1^m,30$. Grâce aux perfectionnements que l'on a fait connaître, les temps perdus sont beaucoup moindres, et la vitesse moyenne se rapproche beaucoup plus de la vitesse en marche.

Dans une terre plutôt forte que légère, la charrue à quatre socs de M. Fowler, travaillant à une profondeur de $0^m,16$ à $0^m,18$, y compris le mouvement de l'ancre, de la machine et du câble, absorbe de 11 à 13 chevaux-vapeur.

Les indications précédentes suffiraient, à la rigueur, pour se rendre compte d'une manière approximative de la consommation de l'appareil, de son travail journalier, et, par conséquent, du prix de revient de ce travail. Il ne sera pas inutile cependant, pour mieux fixer les idées, de rapporter quelques résultats d'expériences. On citera d'abord les chiffres obtenus l'année dernière au concours de Leeds, avec le grand appareil de M. Fowler, à machine se déplaçant elle-même pendant le travail.

La première expérience eut lieu sur une terre légère, qui avait fourni l'année précédente une récolte de navets mangés sur place par des moutons. Cette terre n'avait reçu, depuis lors, qu'un léger coup de scarificateur et un hersage pour détruire les mauvaises herbes; elle conservait, par conséquent, toute sa ténacité. Voici comment les juges du concours ont établi le prix de revient, par jour, de l'appareil employé à donner une façon au scarificateur à 0ᵐ,18 de profondeur, et un hersage exécuté en même temps, par une herse attachée à côté de l'instrument :

Un homme à l'ancre. . . . . 2 f. 90 c.
Un mécanicien. 4   15
Un laboureur. 4   15
Deux enfants pour déplacer les poulies-
   supports. 3   10
                                               ————————
    Total pour la main-d'œuvre. . . . 14   30
Approvisionnement d'eau. 5   »
Huile. 1   25
Intérêt du prix d'achat de l'appareil, s'éle-
   vant à 20,625 fr., à 5 0/0 par an, usure
   et amortissement à 12 1/2 0/0, ensemble
   3,609 fr. 35 c., divisés par deux cents
   jours de travail par an, ci. 18   05
Charbon brûlé, 860 k. à 25 fr. la tonne. . 21   75
                                               ————————
    Dépense totale par jour de travail. . . 60   35
                                               ————————

Dans ces conditions, l'appareil faisait, en dix heures de travail, 3^{hect},04, ce qui donnait pour la dépense par hectare, 19 fr. 85 c. Dans un autre essai en terre plus facile, le prix se réduisit à 15 fr. 90 c. par hectare.

Le second essai eut lieu sur un terrain très-lourd et exceptionnellement résistant, à surface inégale, coupée en planches étroites par des sillons profonds, et recouverte d'un gazon de ray-grass et de trèfle qui avait été pâturé par des moutons. Pour bien définir la nature de cette terre, on y fit faire quelques essais avec une charrue de Hornsby attelée à un dynamomètre, et conduite par quatre forts chevaux. Ces essais montrent si bien la difficulté du travail imposé aux charrues à vapeur, qu'il est utile de reproduire ici les chiffres obtenus.

NUMÉROS D'ORDRE	LONGUEUR des sillons	DIMENSIONS du sillon		TEMPS EMPLOYÉ	VITESSE par heure	PARTIE du champ essayée.	DIRECTION du mouvement.	PENTE moyenne du sol.	TRAVAIL EMPLOYÉ en chevaux-vapeur.
		profondeur.	largeur.						
	m.	m.			m.				
1	91 4	0 18 × 0 27		2'10"	2532	Centre.	En montant.	0 047	3.9
2	91 4	0 18 × 0 27		1'50"	2991	Id.	En descendant.	Id.	3.3
3	45 7	0 14 × 0 18		0'50"	3290	Fond.	En montant.	0 007	3.58
4	45 7	0 14 × 0 18		0'34"	4859	Centre.	Id.	Id.	4.21
5	45 7	0 15 × 0 23		0'40"	4143	Sommet.	Id.	Id.	2.8
6	45 7	0 15 × 0 23		0'38"	4329	Centre.	Id.	Id.	3.13
7	45 7	0 15 × 0 23		0'38"	4329	Fond.	Id.	Id.	5.03
8	45 7	0 18 × 0 27		'38"	4570	Sommet.	Id.	Id.	3.89
9	45 7	0 18 × 0 27		0'36"	4698	Fond.	Id.	Id.	9.4
10	45 7	0 18 × 0 27		'35"	4329	Centre.	Id.	Id.	4.68
11	45 7	0 20 × 0 31		'38"	4143	Sommet	Id.	Id.	5.46
12	43 8	0 20 × 0 31		0'40"	3439	Centre	En descendant.	Id.	5.55
13	45 7	0 20 × 0 33		0'50"	3427	Id.	Id.	Id.	5.1

La moitié de ce champ fut scarifiée à une profondeur de 0^m,177 à 0^m,203, l'autre moitié fut labourée à la même profondeur. Le travail était irréprochable. Le prix de revient, à l'aide des appareils à vapeur, a été estimé comme il suit :

	Charrue.	Scarificateur.
Main-d'œuvre, usure, intérêt comme ci-dessus	38 f. 75 c.	38 f. 75 c.
Charbon, à 25 fr. la tonne. .	17 50	17 30
Dépense totale par jour.	56 25	56 05

La surface labourée en dix heures de travail étant de $2^{hect.},33$, et la surface scarifiée dans le même temps de $2^{hect.},53$, le prix de revient est de 24 fr. 14 c. par hectare pour la première de ces opérations, et de 22 fr. 11 c. pour la seconde.

Ces chiffres, établis avec beaucoup de soin par les hommes les plus compétents, fournissent de précieux éléments de calcul. En raison de la nouveauté de la question, on nous permettra d'ajouter quelques autres renseignements. J'ai eu l'occasion de voir fonctionner une charrue Fowler chez un fermier qui l'emploie depuis deux ou trois ans. Le nombre des chevaux qu'il entretenait était de seize, il est maintenant réduit à huit. Lorsque la charrue n'est pas occupée sur la ferme, elle laboure à façon dans le voisinage, à raison de 49 fr. 54 par hectare pour deux labours de $0^{m},254$ de profondeur, exécutés perpendiculairement l'un à l'autre, soit 24 fr. 77 par hectare pour chaque labour, chiffre qui, si l'on tient compte du bénéfice de l'entrepreneur, concorde avec le précédent.

Si l'espace le permettait, je reproduirais ici les comptes de dépenses publiés par un grand nombre de fermiers opérant dans des conditions différentes de sol et de cultures, qui, tous, s'accordent à reconnaître que le labourage à vapeur réalise une économie directe considérable, à laquelle s'ajoutent plusieurs avantages indirects importants : la possibilité de profiter plus facilement des meilleurs temps pour le labour, un travail plus parfait, l'avantage de ne pas fouler le sol comme le font les chevaux dans leurs passages réitérés, etc.

Chacun pourrait, d'après les indications qui précèdent et les prix de sa localité, se rendre compte de la dépense journalière d'une charrue Fowler. Pour faciliter les comparaisons, on essayera de présenter ici un prix moyen, plutôt fort que faible, qu'il suffira de modifier dans chaque cas particulier, et de comparer au prix de revient du labour ordinaire dans chaque ferme, pour savoir si l'on peut attendre quelque bénéfice de l'emploi des appareils nouveaux.

Les chiffres suivants sont en partie le résultat d'observations faites en France sur des charrues Fowler de l'ancien système. Le travail journalier serait certainement plus considérable avec les nouveaux appareils, et, par conséquent l'évaluation suivante dépassera en général la réalité.

Dépense journalière :

Un mécanicien. . . . .   5 fr. 00 c,
Un laboureur.   3   50
Un manœuvre à l'ancre.   2   50
Deux enfants pour les poulies-supports. . . .   2   50
Charbon, 650 kil. à 45 fr. la tonne, rendu sur
  place.   29   25
Eau. . . . . mémoire.
Intérêt du capital à 5 0/0, entretien et amortis-
  sement à 13 0/0, ensemble 18 0/0 sur
  22,000 francs, soit 3,960 francs, ou par jour
  sur deux cents jours de travail.   18   80
                                    Total.   61   55

Suivant la profondeur du labour et la résistance du sol, on fera par journée de dix heures, y compris les déplacements d'une pièce à l'autre, au moins de 2$^{hect.}$,8 à 3$^{hect.}$,5 et quelquefois plus. De sorte que le prix du labour à une profondeur de 0^m,15 à 0^m,25, variera de 17 fr. 58 à 21 fr. 98 environ par hectare, prix auquel il convient d'ajouter l'approvisionnement d'eau, qui change naturellement beaucoup avec la distance, mais auquel un homme et un cheval suffi-sent facilement dans les conditions ordinaires. En portant cette dépense à 5 francs par jour, on aurait encore à ajouter de 1 fr. 40 à 1 fr. 80 par hectare aux prix précédents. Cette dépense serait d'ailleurs à peu près nulle dans une ferme disposée pour le labourage à vapeur, et dans laquelle on établirait des puits ou des réservoirs économiques dans cha-que pièce de terre.

Les chiffres qui précèdent, on le répète encore, peuvent varier beaucoup d'un lieu à l'autre, et je les présente seule-ment comme exemple; mais ils doivent dépasser un peu la moyenne. Au prix actuel du travail des chevaux, on recon-naîtra facilement, en comptant bien, que, dans beaucoup de parties de la France, le prix du labour de l'hectare, par les moyens ordinaires, dépasse très-notablement le prix du la-bour à vapeur. On doit ajouter encore que la locomobile peut être utilisée dans la ferme lorsqu'elle ne laboure pas, et que l'intérêt et l'amortissement du capital, au lieu d'être reporté sur deux cents jours de travail, comme nous l'avons fait, le serait en réalité sur deux cent cinquante à trois cents jours dans une exploitation bien administrée.

Le prix de revient avec l'appareil à machine fixe serait relativement un peu plus élevé, parce que le personnel est au moins aussi nombreux, et que le travail fait serait un peu moindre, en raison de la moindre force de la machine.

M. Fowler, comme on vient de le voir, a résolu le pro-blème du labourage à vapeur. On peut espérer encore de grandes simplifications, des économies notables, mais, dès à présent, ses appareils sont pratiques et présentent, dans beau-coup de circonstances, des avantages marqués sur les pro-cédés ordinaires. C'est le fait agricole le plus considérable que l'Exposition de 1862 ait donné l'occasion de constater.

§ 3. — Charrue à vapeur de Howard.

Un autre constructeur, le plus grand fabricant de charrues de l'Angleterre, M. Howard, dont nous avons déjà parlé, s'occupe aussi avec succès du labourage à vapeur. Considérés dans leur ensemble, ses appareils actuels sont inférieurs à ceux de M. Fowler, mais ils présentent des parties excellentes que lui emprunteront certainement quelques-uns des cultivateurs qui emploieront les premiers en France le labourage à vapeur.

M. Howard s'est proposé d'effectuer le labourage à l'aide d'une locomobile placée dans l'un des angles ou un peu en dehors de la pièce à labourer. Ce moteur, à l'aide d'une courroie ou d'un joint de cardan d'une construction nouvelle, commande alternativement l'un ou l'autre des deux tambours indépendants montés sur un chariot, qui constituent le treuil moteur de l'appareil de labourage.

Le câble en fil d'acier part de l'un des tambours, passe sur des poulies de renvoi horizontales placées aux angles de la pièce et autres points d'inflexion, et revient au second tambour. De petites poulies verticales montées sur de légers chariots supportent le câble de distance en distance pour l'empêcher de frotter sur le sol. Quand un des tambours est commandé par la machine et que le câble s'enroule à sa surface, le second tambour tourne librement en sens contraire et laisse dérouler le câble. Réciproquement, lorsque, par un débrayage convenable, le second tambour est commandé par la machine, le câble s'enroule sur sa circonférence et se déroule du premier tambour, devenu libre à son tour. On comprend, d'après cela, que si l'appareil de labourage est attaché à un point du câble situé entre deux poulies de renvoi placées aux extrémités d'un côté de la pièce, il pourra se trouver conduit successivement de la première poulie vers la seconde, puis de celle-ci vers la première. Si, après chaque course de l'instrument de labourage, on déplace les poulies de renvoi, parallèlement à elles-mêmes, d'une quantité égale à la largeur labourée, on pourra successivement travailler toutes les parties de la pièce, comme nous l'avons indiqué déjà pour d'autres appareils.

Un mécanisme très-ingénieux, composé de deux poulies et de deux galets horizontaux, est placé un peu en avant du treuil moteur pour assurer l'enroulement et le déroulement régulier du câble.

M. Howard emploie principalement, comme instrument de labour, un scarificateur très-puissant, monté sur quatre roues, et pouvant travailler en avançant dans un sens ou dans l'autre, sans être retourné. Cet appareil fonctionne bien et laisse la terre convenablement préparée, quand il a passé successivement sur le sol dans deux directions perpendiculaires.

La charrue présentée par M. Howard l'année dernière, au concours de Leeds, donnait lieu à plusieurs observations. Il l'a profondément modifiée depuis lors, et l'appareil exposé cette année paraît beaucoup plus satisfaisant. Je l'ai vu fonctionner, mais trop peu de temps pour l'apprécier complétement. Son habile constructeur ne manquera pas, d'ailleurs, d'y apporter toutes les améliorations dont la pratique lui fera reconnaître l'utilité.

Les ancres des deux poulies de renvoi mobiles, dans le système de M. Howard, se déplacent à bras d'homme. C'est un travail pénible qui exige, pour chaque ancre, un ouvrier soigneux et très-robuste.

La manœuvre de l'appareil que l'on vient de décrire exige un mécanicien, un ouvrier au treuil, un laboureur, deux manœuvres aux ancres et deux enfants, non compris le service de l'approvisionnement de l'eau. Ce renseignement suffit pour comparer approximativement le prix de revient du travail à celui obtenu avec les appareils précédents.

Dans les diverses machines que l'on vient de décrire, le laboureur élève un drapeau qu'il tient à la main pour avertir le mécanicien qu'il faut arrêter la machine ou le remettre en marche. Le mécanicien est donc constamment obligé de regarder le laboureur pour obéir à son premier signal. C'est une sujétion fatigante et qui n'est pas sans dangers, car un instant d'inattention suffit pour causer des avaries, si la charrue n'est pas arrêtée exactement à la fin de sa course. D'ailleurs, les brouillards, les temps sombres et certaines formes de terrain rendent impossible la vue du signal. Rien ne serait plus simple que de faire disparaître cet inconvénient, notamment dans l'appareil de M. Howard. Il suffirait de mettre un fil électrique isolé dans l'âme du câble. Ce fil, à la volonté du laboureur, qui n'aurait qu'à presser un bouton, transmettrait le signal au mécanicien à l'aide d'une sonnette, ou même pourrait agir sur un embrayage de M. Achard, qui arrêterait ou qui mettrait en marche la machine à vapeur. On ferait ainsi disparaître une cause fréquente de perte de temps et d'accidents. Le mécanicien, de son côté, débarrassé d'une préoccupation très-fatigante, reporterait tous ses soins sur la conduite et le chauffage de la machine, au grand profit de l'économie du combustible et de l'entretien de l'appareil.

Le labourage à l'aide des forces mécaniques est pour ainsi dire à son début, et cependant les plus grandes difficultés sont vaincues. On prévoit déjà de grands perfectionnements, et peut-être le temps n'est-il pas éloigné où l'on pourra, dans le voisinage des cours d'eau, employer au travail de la terre des moteurs bien plus économiques que la vapeur, grâce aux ingénieux procédés de transmission à grande distance des forces hydrauliques par l'air comprimé ou les câbles de M. Hirn.

Un grand nombre d'autres inventeurs ou constructeurs s'occupent en Angleterre du labourage à vapeur. Parmi ces nombreux essais il suffira de signaler le treuil moteur fixe de M. E. Hayes, qui offre quelques dispositions ingénieuses.

Les autres machines que j'ai eu l'occasion d'étudier ne présentent, en réalité, aucune idée d'une certaine valeur qui ne soit beaucoup mieux réalisée dans les machines de M. Fowler ou de M. Howard.

Le catalogue français annonçait un dessin de machine à labourer à vapeur, mais ce dessin n'a pas été trouvé dans les galeries de l'Exposition.

N'ayant pas de documents officiels, je m'abstiendrai d'indiquer le nombre des charrues à vapeur qui fonctionnent maintenant en Angleterre, mais on peut affirmer que ce nombre est déjà considérable. Il est vivement à désirer que les agriculteurs français se préoccupent de cette question plus activement qu'ils ne l'ont fait jusqu'à présent.

Un concours solennel de charrues à vapeur, annoncé longtemps à l'avance, serait une des mesures les plus simples et les plus efficaces pour appeler l'attention publique sur ce sujet. Le succès de nos concours spéciaux de machines à moissonner est un sûr garant de l'utilité de l'essai que nous proposons en terminant cet examen.

SECTION II.

SEMOIRS DISTRIBUTEURS D'ENGRAIS, HOUES A CHEVAL.

CHAPITRE PREMIER.

SEMOIRS DISTRIBUTEURS D'ENGRAIS.

Une condition essentielle de l'emploi avantageux des semoirs est une préparation soignée du sol. Aussi voit-on l'usage des instruments de cette classe suivre les perfectionnements des procédés généraux de travail de la terre, et pénétrer peu à peu dans les pays où l'agriculture est en progrès.

L'usage du semoir pour la betterave est maintenant général dans tous les départements où cette précieuse racine est cultivée sur une grande échelle. Mais pour les céréales cet instrument est beaucoup moins employé en France qu'en Angleterre. Parmi les causes nombreuses qui ont promptement généralisé l'emploi du semoir de l'autre côté du détroit, on doit citer le climat, un temps doux, un peu humide; des gelées et des hâles fort rares, sont, en effet, des conditions très-favorables à la réussite des semences confiées à la terre. Les grains manquants sont rares, et l'on peut sans danger, à l'aide du semoir, répandre seulement la quantité de grains strictement nécessaire. En France, au contraire, on est obligé, dans beaucoup de pays, de répandre un peu trop de grain pour parer aux risques des gelées tardives, des sécheresses prolongées ou des pluies intempestives, et le semoir n'aurait pu réaliser une aussi forte économie que chez nos voisins.

Cependant les nombreux avantages du semoir sont de plus en plus appréciés, et son emploi tend à se répandre dans plusieurs départements où cette machine était complétement inconnue il y a quelques années.

Les semoirs attelés sont, comme on sait, les plus généralement employés en Angleterre. Depuis quelques années, ils n'ont reçu que des améliorations tout à fait secondaires. Le principe et les dispositions générales n'ont éprouvé aucune modification, ce qui indique que la pratique est satisfaite des résultats obtenus. La complication que l'on reproche souvent aux semoirs anglais est, en effet, plus apparente que réelle. Quand on se rend compte de la multiplicité des conditions à remplir par un bon semoir complet, on admire la simplicité des moyens employés pour résoudre un problème aussi compliqué. Les semoirs des bons constructeurs anglais sont d'ailleurs très-solides; j'en connais qui fonctionnent depuis plusieurs années dans de grandes fermes sans avoir exigé de réparations.

On sait que la plupart des semoirs anglais sont à cuillers implantées dans des disques en tôle. Ces disques sont en nombre égal aux lignes à semer, et montés sur un seul arbre mis en mouvement, à l'aide d'engrenages, par l'une des roues qui porte l'appareil. Les graines sont versées dans des tubes qui les conduisent à terre. Ces tubes se terminent ordinairement par des socs servant à ouvrir le petit sillon destiné à recevoir la graine, tandis que de petits versoirs, ou autres organes appropriés, la recouvrent de terre.

L'emploi de plus en plus général des engrais pulvérulents a rendu nécessaire la construction de semoirs répandant à la fois la graine et l'engrais, soit ensemble, soit en les séparant par une petite couche de terre. D'autres instruments sont destinés à répandre simultanément les grains et les engrais liquides. D'autres, enfin, servent seulement à distribuer uniformément les engrais pulvérulents à la surface du sol. Le semoir de Chamber, que plusieurs fabricants construisent très-convenablement, est un des plus remarquables de cette dernière série.

Presque tous les semoirs exposés étaient d'une très-bonne construction. Parmi les plus remarquables on peut citer ceux de MM. Garrett et fils (Leiston Works, Suffolk), de MM. Holmes, Priest et Woolnough, de M. Smith, etc.

L'exposition française renfermait l'excellent semoir de M. Jacquet-Robillard, auquel le jury du concours de 1860, dont je faisais partie, a décerné une médaille d'or. Cet instrument, à défaut d'essai sur le terrain, ne pouvait être suffisamment apprécié. On comprend difficilement en Angleterre qu'un bon instrument, qui se vend en grand nombre, se présente dans un concours sans un certain soin d'exécution, trop complétement négligé dans le spécimen exposé.

Les autres pays n'ont exposé aucun semoir véritablement remarquable, si l'on en excepte le semoir à coton de M. Blanchard (États-Unis). Le duvet qui adhère à la semence du cotonnier réunit entre elles les différentes graines et rend très-difficile le semis régulier. La machine en question a fort heureusement résolu cette difficulté, à l'aide de cylindres garnis de dents placés au fond de la trémie et animés d'un mouvement rapide de rotation qui sépare les graines les unes des autres avant de les livrer à la terre.

CHAPITRE II.

HOUES A CHEVAL.

Les houes à cheval, qui servent à donner aux plantes en lignes les façons qu'elles réclament, sont le complément indispensable de l'emploi des semoirs.

Par de simples changements de socs, ou autres pièces secondaires, les houes anglaises se prêtent à plusieurs transformations, qui permettent d'exécuter avec un seul instrument plusieurs opérations différentes qui exigent généralement en France autant de machines distinctes.

On apprécie de plus en plus, en Angleterre, une disposition qui a été remarquée déjà dans nos concours, et que nous recommandons à l'attention de nos constructeurs. Dans les houes dont nous voulons parler, le corps de l'instrument est relié à l'avant-train par des pièces articulées qui permettent d'imprimer aux parties tranchantes un déplacement rapide, à gauche ou à droite, sans que le cheval ait besoin de s'écarter de la ligne qu'il parcourt. L'ouvrier dirige réellement son instrument, au lieu d'être conduit par lui, comme il arrive souvent avec les houes rigides ordinaires. Ce résultat s'obtient à l'aide de mécanismes qui diffèrent d'un constructeur à l'autre, mais qui, généralement, atteignent parfaitement leur but.

Il serait impossible, sans figures, et à moins d'y consacrer un espace considérable, de décrire ces dispositions variées, et de discuter leurs avantages ou leurs inconvénients. Nous rappellerons seulement aux personnes qui achèteraient un semoir et une houe en Angleterre, une précaution quelquefois oubliée : c'est de prendre les deux appareils dans la même fabrique, ou, au moins, de s'assurer que la voie des deux instruments et l'écartement des lignes des tubes et des pieds sont disposés pour aller ensemble.

M. Garrett, que nous avons déjà cité pour ses semoirs, et qui est si justement célèbre comme constructeur, fabrique des houes excellentes et qui, entre des mains adroites, peuvent opérer avec une précision irréprochable.

Les houes de MM. Priest et Woolnough sont également extrêmement bien faites. Ces exposants joignent à leurs houes et à leurs semoirs un accessoire d'une véritable utilité pratique : c'est une sorte de sabot en fer, formant plaque tournante, que l'on place sous une des roues, à l'extrémité du champ, et qui permet de tourner très-facilement avec une grande précision, en laissant l'une des roues dans la trace même qu'elle vient de parcourir et qu'elle doit suivre en retournant.

Nous signalerons enfin, comme appareil moins compliqué que les précédents, une petite houe de M. W. Smith, de Kettering (Northamptonshire), du prix de 175 à 225 francs, qui rendrait de très-bons services dans toutes nos exploitations, et qui habituerait les ouvriers au maniement de ces appareils, exigeant, on doit le reconnaître, une certaine adresse et une attention soutenue; conditions indispensables, d'ailleurs, dans tous les travaux agricoles un peu délicats.

SECTION III.

APPAREILS DE RÉCOLTE.

CHAPITRE PREMIER,

FAUCHEUSES ET MOISSONNEUSES.

§ 1ᵉʳ. — Faucheuses.

Les faucheuses et les moissonneuses sont encore une grande et récente conquête de la mécanique agricole. Ces machines, encore si nouvelles dans notre pays, sont destinées, sans aucun doute, à un succès aussi rapide et aussi général que celui des machines à battre. Les concours spéciaux pour ces appareils, qui ont eu lieu dans ces dernières années, ont eu un grand retentissement, et je n'aurai à citer, pour ainsi dire, aucun nom qui ne soit déjà connu des agriculteurs français.

La rareté croissante de la main-d'œuvre, surtout au moment des récoltes, donne un grand intérêt aux machines qui nous occupent. Elles réalisent, dès à présent, une économie considérable sur les procédés ordinaires : elles permettent, d'ailleurs, de couper à temps les céréales et les fourrages, avantage inappréciable pour la qualité et la quantité des produits obtenus.

L'Exposition universelle de 1862 ne présentait aucun de ces types étranges de machines à faucher et à moissonner qui figuraient dans les concours agricoles des années précédentes.

Toutes les machines exposées se rapprochaient des modèles
consacrés jusqu'à présent par la pratique, et n'en différaient
que par des modifications de détail.

L'appareil de coupage généralement employé aujourd'hui
dans les faucheuses ou les moissonneuses, n'est autre chose
qu'une série de lames triangulaires, plus ou moins aiguës,
finement dentées sur deux de leurs côtés, et assemblées sur
une même tige horizontale animée d'un mouvement rapide
de va-et-vient. La lame coupante, ainsi composée, maintenue
entre des guides de forme convenable, est entraînée vers la
récolte par le mouvement du chariot qui porte tout l'appareil, et scie le bas des tiges avec une promptitude et une
régularité que l'on ne peut se lasser d'admirer.

La lame de scie et le mécanisme qui lui imprime un mouvement de va-et-vient forment les parties essentielles de
l'appareil autour desquelles viennent se grouper les autres
organes de la machine. Le mouvement de la lame et des
autres pièces du mécanisme est emprunté aux roues qui
portent l'appareil, à l'aide d'engrenages et de bielles convenablement disposés.

Les faucheuses ne comportent que l'appareil coupeur,
garni d'une espèce de versoir léger, qui sépare l'herbe abattue
et trace nettement la piste du passage suivant de la machine.
Elles sont munies, en outre, d'embrayages pour suspendre
le mouvement, et de leviers pour soulever la lame coupante
et régler sa hauteur au-dessus du sol. Ces machines travaillent
aujourd'hui parfaitement bien et laissent la récolte sur le
sol en couches régulières et très-bien disposées pour le travail
ultérieur du fanage à bras ou à la machine.

Les faucheuses de MM. Burgess et Key, et plusieurs autres,
exposées dans la galerie anglaise, étaient bien disposées et
fort bien exécutées.

Une faucheuse de Wood, classée parmi les produits amé-
ricains, était aussi remarquable par son exécution que par
l'agencement de son mécanisme. Cette machine paraît con-

server le premier rang qui lui a été assigné dans les concours français.

Dans l'exposition de notre pays on remarquait une faucheuse-moissonneuse dont on parlera plus loin, et une faucheuse système Wood, modifiée par M. Faure, construite et exposée par MM. Barbier et Daubrée. Cette machine est bien établie ; le mécanisme, en partie renfermé dans une coquille en fonte, est bien protégé contre la poussière et les chocs, et doit donner les bons résultats déjà constatés dans quelques-uns de nos concours régionaux.

Il a été publié si peu de résultats numériques sur l'effort nécessaire au mouvement des faucheuses, qu'il sera utile de reproduire ici les résultats des expériences auxquelles j'ai assisté l'année dernière, pendant le concours de Leeds.

NOMS des CONSTRUCTEURS	NUMÉROS des MACHINES	LARGEUR COUPÉE	SURFACE COUPÉE par heure	EFFORT MOYEN sur le DYNAMOMÈTRE	VITESSE des CHEVAUX par heure	TRAVAIL MOYEN en Chev. vapeur
		mètres.	hectares.	kilog.	mètres.	
Samuelson	603	1,36	0,538	77,9	4006	1,151
Cranston (Wood .	222	1,29	0,539	59,8	4058	0,918
Burgess et Key . .	499	1,22	0,535	124,9	4384	1,976

On accorda, à la suite de ces essais, à M. Cranston, un prix 200 francs, à MM. Burgess et Key, un prix de 175 francs, et à M. Samuelson, un prix de 125 francs.

On construit en Angleterre, comme en France, des machines qui peuvent, à l'aide de pièces de rechange, fonctionner successivement comme faucheuses et comme moissonneuses. En général, ces machines à deux fins sont inférieures, dans chaque genre de travail, aux machines spéciales. Il est vivement à désirer que cette infériorité disparaisse, à cause de l'économie qui résulterait de la solution complète de ce double problème.

§ 2. — Moissonneuses.

Parmi les moissonneuses, il faut distinguer celles qui déposent automatiquement la récolte coupée sur le sol en javelles ou en andains, et celles où ce travail est confié à un ouvrier monté sur la machine.

Le mécanisme nécessaire à la formation de la javelle ou de l'andain complique nécessairement beaucoup la moissonneuse, augmente son prix et rend sa conduite et son entretien plus difficiles. D'un autre côté, on doit reconnaître que le travail de l'ouvrier chargé de déposer la récolte sur le sol, surtout quand elle est abondante, exige beaucoup de force et d'adresse.

Parmi les machines déposant elles-mêmes la récolte sur le sol, on remarquait à l'Exposition les appareils suivants :

La grande moissonneuse de MM. Burgess et Key, que l'on a vu fonctionner avec tant de succès dans tous nos concours. Les tiges, couchées au moment du coupage par les ailes du volant, tombent sur une série de cylindres en bois animés de vitesses diverses et garnis d'hélices en tôle; ces hélices entraînent les épis et leurs tiges, et les laissent ensuite tomber sur le sol en andain régulier. Cette machine paraît conserver encore la supériorité qu'elle a obtenue dans nos concours.

Une moissonneuse, système Wood, exposée dans la galerie consacrée aux produits des États-Unis, est disposée pour faire la javelle. Les tiges tombent, après le coupage, sur un tablier, où elles sont reprises et poussées sur le sol par une espèce de griffe entraînée par une chaîne sans fin, placée autour du tablier, et animée d'une vitesse convenable pour permettre au râteau de remplir régulièrement son office. Cette disposition est assez simple et fort ingénieuse; avec quelques perfectionnements de détails, elle pourra probablement donner une bonne solution du problème.

Une autre machine américaine, exposée par M. Mac Cormick, était armée d'un véritable râteau destiné à pousser vers le sol les tiges abattues sur le tablier. Ce râteau, commandé par une série d'engrenages et par une came assujettie à suivre une courbe convenablement tracée, exécute un mouvement automatique très-curieux ; mais le mécanisme. qui rappelle celui d'Atkins, semble trop compliqué et trop fragile, dans son état actuel, pour une machine agricole.

La moissonneuse exposée par MM. Barbier et Daubrée est garnie, pour faire l'andain, du tablier de l'ancienne machine de Bell, modifié d'une manière heureuse. En simplifiant les transmissions de cet appareil, il pourra donner de bons résultats.

La faucheuse-moissonneuse de M. le docteur Mazier, si avantageusement connue en France, figurait à l'Exposition de Londres. La simplicité de sa construction, son faible volume, la rendent excessivement précieuse dans beaucoup de circonstances, et la feront souvent préférer par nos agriculteurs aux appareils plus parfaits, mais aussi plus compliqués, plus lourds et plus volumineux dont il a d'abord été question.

Certaines moissonneuses sont munies d'un tablier à bascule qui facilite le travail de l'ouvrier chargé de déposer la récolte sur le sol; mais alors ce dépôt a lieu derrière la machine, sur l'espace qu'elle devra parcourir dans le voyage suivant, ce qui nécessite un assez grand nombre d'ouvriers pour ranger immédiatement les gerbes.

Les autres nations ne présentaient point de machines de cette classe dignes d'une étude spéciale. Je mentionnerai seulement les faucheuses exposées par M. Pintus, de Berlin, parfaitement bien exécutées, ainsi que tous les instruments de cet habile fabricant, qui a réalisé en Prusse, sous le rapport des machines agricoles, de très-grands perfectionnements depuis 1855.

Comme pour les faucheuses, on reproduira ici les résultats dynamométriques des expériences faites à Leeds sur diverses moissonneuses.

NOMS DES CONSTRUCTEURS.	Numéros des machines.	Largeur moissonnée.	Longueur moissonnée.	Surface moissonnée.	Temps employé.	Effort de traction.	Vitesse des chevaux par heure.	Surface moissonnée par heure.	Travail en chevaux-vapeur.
		mèt.	mèt.	m. q.	min.	kilom.	mèt.	hectar.	
Burgess et Key........	491	1.73	214	370	3.0	200.5	4.186	0.74	3.138 (1)
Trustees of Croskill ...	402	2.51	214	537	3.0	188.9	4.186	1.07	2.95 (1)
Picksley et Sims	1254	1.60	214	342	2.35	93.4	4.950	0.79	1.696 (2)
Cuthbert	321	1.35	214	289	2.50	120.0	4.525	0.61	1.99 (2)

(1) Dépôt automatique de la récolte.
(2) Dépôt à bras de la récolte.

On n'insistera pas ici sur le prix de revient du travail des moissonneuses et des faucheuses, et sur les économies que ces machines permettent de réaliser. Il a été publié en France, à cet égard, de nombreux renseignements.

CHAPITRE II.

FANEUSES ET RATEAUX.

§ 1er. — Faneuses mécaniques.

Les faneuses et les râteaux à cheval sont très-employés en Angleterre ; un assez grand nombre de ce instruments figuraient à l'Exposition.

Les faneuses mécaniques n'ont reçu, depuis un assez grand nombre d'années, aucune modification radicale. Mais les réseaux verticaux en filet ou en fil métallique, que l'on place maintenant derrière le cheval, sont très-utiles, surtout quand il fait du vent, et constituent une véritable amélioration. Le tambour qui porte les dents peut, dans les bonnes faneuses, tourner dans un sens ou dans l'autre par le simple déplacement d'une roue dentée. Par le mouvement en arrière, on ménage, autant qu'il est nécessaire, les fourrages qui s'effeuillent facilement. Parmi les faneuses les plus remarquables, on peut citer celles de M. Nicholson, auquel on doit l'emploi des filets placés derrière le cheval; celles de M. Howard et de plusieurs autres fabricants.

§ 2. — Râteaux.

Les râteaux à cheval sont modifiés de mille manières, au gré des constructeurs; mais, en définitive, il faut toujours que les dents soient indépendantes les unes des autres, et que l'on puisse les soulever toutes ensemble sans un trop grand effort, quand elles ont ramassé assez de foin. Ces conditions sont parfaitement remplies par les râteaux de M. Howard, qui sont d'ailleurs très-solides et d'une construction soignée. Plusieurs râteaux fort ingénieusement disposés, avec siège pour le conducteur, figuraient dans les galeries de l'Exposition ; ils sont tous malheureusement un peu compliqués.

Parmi les machines françaises se trouvait le râteau fort ingénieux de M. G. Hamoir, que son exécution trop négligée n'a point permis d'apprécier comme il mérite de l'être.

Les instruments dont on vient de parler sont maintenant tout à fait pratiques. Les faucheuses et les moissonneuses se multiplient rapidement, et l'emploi de ces dernières machines rendra de plus en plus utiles les râteaux à cheval, et surtout les faneuses, dans les pays où la dessiccation des fourrages présente quelques difficultés.

SECTION IV.

MACHINES DE GRANGES ET DE COURS; USTENSILES DE LAITERIE; VÉHICULES ET HARNAIS.

CHAPITRE PREMIER.

MOTEURS ET MACHINES A BATTRE.

Cette section comprend maintenant un nombre considérable d'appareils; on ne peut que mentionner ici les séries principales en citant, pour chacune d'elles, les machines les plus dignes de fixer l'attention des agriculteurs français. On suivra d'ailleurs, dans ces indications, à peu près l'ordre adopté pour les subdivisions des sous-classes IV et V de la classification anglaise.

§ 1ᵉʳ. — Moteurs.

Les machines à vapeur fixes ou locomobiles applicables aux travaux agricoles, sont placées dans cette subdivision de la classification anglaise. Mais il a été convenu que le rapport français sur les machines à vapeur comprendrait les appareils de cette catégorie, et, par conséquent, on ne s'en occupera pas ici. On se bornera à signaler les nombreuses tentatives de construction de machines à vapeur agricoles pouvant circuler sur les routes ordinaires en remorquant les machines à battre ou autres engins qu'elles doivent mettre en jeu à leur point de stationnement. Quelques machines résolvent déjà ce problème, mais elles semblent réclamer encore beaucoup de perfectionnements avant de rendre des services usuels et véritablement économiques.

Les moteurs hydrauliques sont fréquemment employés dans les fermes assez heureuses pour disposer d'une chute d'eau. Cependant aucun appareil de cette espèce n'a été spécialement renvoyé à l'examen de la classe ix. Je dirai d'ailleurs que grâce aux travaux de ses savants et de ses ingénieurs, la France n'a rien à envier à l'Angleterre pour la construction des moteurs hydrauliques, qui sont généralement mieux étudiés et mieux disposés chez nous que partout ailleurs.

Comme moteurs à vent, l'Exposition ne présentait rien de remarquable. Je mentionnerai seulement la réunion de l'arbre horizontal des ailes d'un moulin à vent à un arbre vertical par un fort ressort à boudin destiné à remplacer les roues d'angles ordinairement employées. L'expérience seule pourrait apprendre si les déformations successives du ressort absorbent moins de force que le frottement des roues d'angle, ce qui paraît douteux. L'exposant de cette machine, M. Thirion, dit en avoir établi plusieurs en Belgique.

Les manéges, enfin, ne présentent en Angleterre rien de remarquable qui ne soit depuis longtemps importé en France. Nos bons constructeurs français font ces appareils au moins aussi bien que les mécaniciens anglais. Nous citerons cependant comme très-commodes, dans certains cas, les petits appareils de transmission applicables à tous les manéges, et que font très-bien plusieurs mécaniciens, entre autres, M. Bentall. Ces appareils coûtent 98 fr. 40 c. pour un manége à un cheval, 114 fr. 75 c. pour un manége à deux chevaux, et 153 francs pour un manége à trois ou quatre chevaux.

Le manége de M. Pinet, qui faisait partie de l'exposition française, est trop connu et trop apprécié pour qu'il soit utile de le décrire ici. Depuis l'Exposition de 1855, l'inventeur dit en avoir vendu quatre mille cinq cents. Cet appareil est, en effet, très-bien disposé pour l'agriculture, et il conserve à l'étranger la place distinguée qu'il occupe dans nos concours.

§ 2. — Machines à battre.

Les machines à battre adoptées en Angleterre, comme tant d'autres machines dont on a déjà parlé, n'ont point reçu de modifications importantes depuis quelques années. On remarquait seulement, sur un certain nombre de machines anglaises, le remplacement des élévateurs à godets par un élévateur particulier, formé d'une roue analogue à celles des ventilateurs, dont les palettes reçoivent le grain et le lancent dans un canal plus ou moins incliné à la hauteur convenable. Cette disposition est assez simple et mérite d'être signalée, mais elle exige une grande précision d'exécution, et l'on peut craindre que le choc des palettes ne brise quelques grains. Une expérience prolongée permettra seule d'apprécier cette disposition encore nouvelle, et adoptée déjà par quelques-uns des principaux constructeurs.

En général, pour mettre en fonction les grandes machines à battre portatives, on cale les roues sur le sol à l'aide de coins. Cette disposition fatigue assez l'avant-train et les boîtes des essieux. Dans la machine exposée par M. Hornsby le calage se fait à l'aide d'une semelle et de coins placés entre les bâtis de la machine et les roues, qui sont d'un assez petit diamètre et placées sous le bâti lui-même. On doit obtenir ainsi une grande stabilité sans les inconvénients ordinaires.

Les machines anglaises sont généralement plus massives que les nôtres, et moins bien appropriées, sous beaucoup de rapports, aux exigences particulières de nos cultivateurs. Dans l'état actuel de cette fabrication, les agriculteurs français peuvent s'adresser sans hésiter à nos bons fabricants, qui vendent beaucoup de leurs machines à l'étranger.

L'exposition anglaise de machines à battre était néanmoins des plus brillantes; on y rencontrait les appareils de MM. Tuxford; Ransomes et Sims; Hornsby; Garrett; Barrett, Exall et Andreews, autant de noms qui dispensent de tout éloge.

Le ventilateur de la machine de M. Garrett est fort simple et d'une très-bonne construction. Bien que son volume soit peu considérable, il suffit à donner du vent dans les trois compartiments où il en est besoin, c'est-à-dire au débourrage et dans les deux séries de cribles du nettoyage. Les petites machines portatives du même exposant, ne vannant ni ne criblant, jouissent toujours en Angleterre d'une grande réputation. On mentionnera aussi le batteur de MM. Barrett, Exall et Andreews, construit entièrement en fer, avec battes en tôle estampée et découpée d'une manière assez ingénieuse.

La collection des batteuses françaises était aussi fort remarquable. Nos machines n'avaient pas l'éclat et le fini extérieur des machines anglaises exécutées, la plupart, en vue de l'Exposition, elles représentaient bien réellement l'état de notre fabrication courante.

M. Albaret, successeur de feu M. Duvoir, si avantageusement connu des cultivateurs du bassin de Paris, présentait une machine complète à battre en travers, avec deux cylindres batteurs et deux tables d'alimentation. Cette machine, qui ne froisse pas la paille, est destinée aux très-grandes exploitations, ou aux entrepreneurs. Elle exige environ six chevaux de force, et doit battre 2,400 kilogrammes de gerbes à l'heure.

M. Cumming, d'Orléans, avait une bonne machine complète, à laquelle il a ajouté depuis peu un nouveau secoueur, bien disposé, et qui peut, sans difficulté, s'adapter aux machines existantes.

Les éloges donnés par le jury de 1855 à la machine américaine de Pitts, ont conduit M. Ganneron à s'occuper de la construction d'une batteuse de ce système, en y apportant quelques modifications utiles. Ces puissants appareils sont parfaitement appropriés aux besoins des entrepreneurs de battage et des grandes exploitations dans les pays où l'on consomme la paille sur place.

Enfin, à côté de son manége, M. Pinet avait exposé sa petite machine à battre, sans nettoyage, si répandue dans nos petites exploitations. Elle a particulièrement fixé l'attention des cultivateurs écossais, si bons appréciateurs des instruments simples et pratiques.

Les autres nations n'exposaient que des machines très-ordinaires. Nous avons retrouvé cette année, sans aucune amélioration, une partie des batteuses de l'Exposition de 1855.

§ 3. — Appareils divers.

A côté des machines à battre, se placent naturellement les égrenoirs à maïs. L'Exposition en offrait quelques exemples, qui ne présentaient d'ailleurs rien de particulier.

On doit mentionner aussi une machine à égrener le trèfle, exposée par M. Holmes. Cet appareil, d'un prix élevé, ne convient que dans des circonstances toutes particulières. Je n'ai d'ailleurs jamais eu l'occasion de le voir fonctionner d'une manière suivie.

Immédiatement après les machines à battre, dans la classification anglaise, viennent se placer les *secoueurs* et les *élévateurs de paille*.

Les secoueurs proprement dits font ordinairement partie intégrante de la machine à battre, il n'y a pas à y revenir ici.

On désigne sous le même nom des instruments destinés à débarrasser la paille hachée de la poussière et des impuretés qu'elle peut renfermer. L'Exposition n'offrait pas d'instruments de cette espèce. Il serait, du reste, difficile de faire mieux que nos cylindres secoueurs ordinaires, d'un prix si modique et d'un si bon usage qu'il serait, d'ailleurs, inutile de décrire ici.

Il convient, au contraire, d'appeler l'attention des constructeurs et des agriculteurs français, d'une manière toute spéciale, sur les élévateurs de paille, appareils très-utiles et déjà fort employés en Angleterre.

Ce genre de machine occupe assez de place et ne figurait à l'Exposition que par un seul modèle à très-petite échelle, exposé par MM. Welkinson, Wright et Cᵉ, qui a pu échapper à beaucoup de visiteurs. Mais j'ai souvent eu l'occasion, dans mes voyages antérieurs, de voir fonctionner des élévateurs de paille; les propriétaires qui les emploient s'en louent beaucoup, et ils sont utiles à connaître, maintenant surtout que l'on demande si souvent aux machines de suppléer la main-d'œuvre toujours trop rare au moment de la récolte.

L'élévateur de paille qui me paraît le plus simple se compose d'un filet sans fin enroulé sur deux tambours à axe horizontal, portés aux extrémités d'un cadre léger en charpente que l'on peut allonger ou incliner plus ou moins à volonté. L'un des tambours reçoit un mouvement de rotation, qu'il transmet au filet, dont la nappe supérieure forme un plan incliné mobile qui transporte du sol au sommet de la meule ou du grenier la paille ou le foin que l'on jette à sa surface. Tout l'appareil, porté sur deux roues, est facilement traîné par un cheval.

Les élévateurs de paille à filet sont très-bien établis par les exposants ci-dessus nommés. Rien ne serait plus facile, d'ailleurs, que d'en faire établir la charpente par un charron ordinaire, et d'acheter seulement le mécanisme à un constructeur d'instruments d'agriculture.

Dans d'autres élévateurs le filet est remplacé par un système articulé, garni de dents de fourches, mobile sur un cadre en charpente, qu'on incline plus ou moins à l'aide de crémaillères. MM. Clayton, Schuttleworth construisent très-bien les élévateurs de ce système, qui accompagnent souvent leurs batteuses portatives.

CHAPITRE II.

PRÉPARATION ET CONSERVATION DES RÉCOLTES.

§ 1er. — Tarares et nettoyeurs.

Les tarares anglais de l'Exposition ne présentent en général rien de particulier, qu'un soin extrême d'exécution. Les bons constructeurs français ont maintenant introduit dans leurs appareils la plupart des perfectionnements que l'on trouvait seulement autrefois en Angleterre. Cependant nous devons signaler, comme des instruments **très-dignes** de servir encore de modèles, les tarares de **MM. Garrett** et fils.

On remarquait dans l'exposition française le très-bon tarare débourreur de M. Pinet. On citera encore les tarares ordinaires de M. Yolant et de M. Vilcocq.

Un appareil de criblage et de nettoyage extrêmement intéressant est celui de MM. R. Boby, Saint-Andrew's-Works, à Bury Saint-Edmunds (Suffolk). Les cribles sont plats et parfaitement exécutés; ils sont constamment maintenus dans un état parfait de propreté par de petites rondelles de tôle très-simplement disposées pour atteindre ce but. Le travail produit par ces instruments est véritablement excellent, et la force nécessaire à leur mise en action varie de la moitié aux deux tiers de celle que nécessitent les appareils analogues pour le traitement d'un même poids de grain. Le crible Boby, donnant 21^h,8 à l'heure, coûte 212 fr. 50 c. sans ventilateur, et 287 fr. 50 c. avec ventilateur. Le modèle plus grand, donnant 32^h,7, coûte 337 fr. 50; enfin les appareils conduits par un moteur coûtent de 487 fr. 50 c. à 612 fr. 50 c.

Nous devons encore signaler les essais tentés par M. Childs pour séparer les grains par densité à l'aide d'un courant d'air.

On emploie en Angleterre des appareils spéciaux pour ébarber l'orge. Ce sont des cylindres traversés par un arbre armé de couteaux à lames mousses qui impriment un mouvement de rotation régulier au grain que renferme la machine. L'orge paraît plus difficile à ébarber en Angleterre que dans plusieurs de nos départements; cependant les ébarbeurs anglais rendraient probablement des services dans les pays un peu humides, où l'on produit beaucoup d'orge, et où il importe de lui donner un bel aspect pour le marché.

Les appareils de nettoyage de grande dimension pour les grains n'offraient rien de nouveau. On citera seulement, pour sa bonne disposition et le soin apporté à son exécution, le nettoyage complet pour moulins exposé par M. Marie, de Belgique.

§ 2 — Conservation des grains

Le blé conservé dans les greniers est exposé aux attaques et aux souillures des insectes et des petits animaux si nombreux qui s'en nourrissent, et aux effets de l'échauffement, espèce de fermentation plus ou moins active qui tend toujours à s'établir dans les amas de matières organiques exposées au contact de l'air. On combat ordinairement ces causes d'altération au moyen de pelletages et de nettoyages, opérations qui consistent à déplacer le tas de blé en jetant le grain à la pelle d'un point à l'autre du grenier, et à le faire passer plus ou moins fréquemment dans un tarare, qui tend à l'épurer et à le refroidir par une ventilation énergique.

Ces opérations constituent une main-d'œuvre assez coûteuse, et font subir au blé un déchet très-notable. Ce déchet n'est pas dû seulement, comme on le répète à tort, à l'élimination des impuretés et à une dessiccation: il est dû, en outre, à une véritable combustion lente de la substance du grain. Si l'on analyse l'air contenu dans les tas de blé de nos greniers, on y trouve une forte proportion d'acide carbonique, le même gaz que celui qui s'échappe de nos fourneaux allumés. Ainsi l'aérage du grain, indispensable pour l'empêcher de s'échauffer et de s'altérer complétement, lui enlève une partie de sa substance propre, et plus cet aérage est énergique, plus le déchet dû à cette cause est considérable, toutes choses égales d'ailleurs.

On comprend, d'après cela, qu'il soit possible, par des moyens mécaniques plus ou moins ingénieux, de réduire dans les greniers importants les frais de main-d'œuvre, de pelletage et de nettoyage ; c'est là déjà un grand service rendu au commerce des grains. Mais on comprend aussi que ces procédés, si ingénieux qu'on les suppose, ne peuvent faire disparaître les causes de déchet inhérentes à la nature même des choses et signalées précédemment ; on comprend même qu'un aérage trop énergique puisse, dans certaines limites, augmenter ces causes de déchet, si, surtout, on n'assure pas en même temps le refroidissement complet de la masse emmagasinée.

Les procédés mécaniques peuvent donc, assurément, remplacer avec économie les pelletages et les vannages à la main, ils peuvent être plus sûrs et plus énergiques, mais ils sont impuissants, aussi bien que ces procédés eux-mêmes, à supprimer les déchets, à résoudre, en un mot, le problème de la conservatio complète du blé, poids pour poids, quaiité pour qualité.

Cette solution devait être cherchée dans une autre voie : dans l'emploi méthodique de moyens fondés sur la destruction radicale des insectes qui vivent de grain, et la suppression des actions chimiques qui déterminent l'échauffement et la combustion lente des céréales.

Les recherches poursuivies dans cette dernière voie ont été couronnées d'un plein succès, dont l'honneur revient tout entier à la France, et dont l'importance n'a pas échappé au jury de la neuvième classe.

L'auteur de cette découverte est M. Doyère. Après de

longues et laborieuses études, il a reconnu que le grain renfermé dans des capacités imperméables au gaz, avec certaines précautions faciles à réaliser, et qu'il a nettement dé-
finies, pouvait se conserver sans main-d'œuvre, sans altération et sans déchet. Les capacités employées par M. Doyère
pour renfermer le grain sont construites en tôle mince re-
vêtue d'un vernis particulier, et entourées d'une enveloppe en
béton ou en maçonnerie. Ce sont de véritables silos, mais
des silos construits avec des précautions toutes particulières,
et indispensables au succès dans nos climats.

Les silos de M. Doyère peuvent être établis depuis les
plus grandes dimensions jusqu'aux plus modestes propor-
tions, et conviennent aux plus petites fermes comme aux
plus grands magasins. En observant les précautions in-
diquées par l'auteur, le blé peut s'y conserver sans main-
d'œuvre et sans déchet d'aucune sorte, ainsi que l'ont cons-
taté les expériences en grand faites par des particuliers et
par les administrations de la guerre et de la marine. Le
prix d'établissement est de 5 francs par hectolitre en
moyenne. On construit dans ce moment, à Brest, un ma-
gasin de 70,000 hectolitres.

C'est donc avec raison que M. Michel Chevalier, président
de la section française du jury international, écrivait, il y a
déjà longtemps : « Le problème d'un ensilage économique et
certain dans ses effets peut être considéré comme résolu
aujourd'hui, grâce à M. Doyère; par conséquent, il est possible de former des réserves à peu de frais. C'est un grand encouragement aux opérations commerciales qui auraient pour
objet de conserver l'excédant des bonnes années, afin de
subvenir aux besoins qu'entraîne l'apparition des vaches mai-
gres. C'en est un pour la création d'institutions de crédit où
les cultivateurs obtiendraient des avances contre le dépôt de
leurs récoltes en grains. Ce serait la fondation du crédit
agricole, qu'il faut bien distinguer du crédit foncier, et dont
la production des céréales a beaucoup à attendre. »

Les exposants dont il reste à parler se sont bornés à perfectionner les procédés ordinaires de conservation des grains par le pelletage et le nettoyage.

M. Huart expose les dessins de son grenier conservateur, dont un si beau spécimen a été établi, il y a quelques années, dans les magasins du quai de Billy. Le blé, renfermé dans des caisses prismatiques en tôle très-élevées, peut s'écouler à leur partie inférieure; il est conduit par des vis sans fin à un appareil de nettoyage, et repris par des chaînes à godets qui le remontent à la partie supérieure du grenier. Une machine à vapeur est chargée de mettre en mouvement tout ce mécanisme.

Le grenier de M. Pavy se rapproche, par ses dispositions principales, du précédent; mais il est spécialement approprié aux besoins des fermes. La capacité qui renferme le grain est en briques creuses, qui s'assemblent circulairement comme des douves de tonneau. Ce mode de construction est économique et très-satisfaisant. Le mécanisme est mû à bras ou par la machine à vapeur de la batteuse. Ce grenier présente d'ailleurs, pour le mesurage du grain et son nettoyage, de très-ingénieuses dispositions.

On voyait à l'exposition suédoise un modèle de grenier pour sécher les récoltes. Cet appareil était bien disposé, mais serait difficile à faire comprendre sans figures. Dans certaines années pluvieuses, un grenier de cette espèce pourrait être utile dans quelques-uns de nos départements.

§ 5. — Appareils de meunerie, broyeurs, hache-paille, etc.

Plusieurs constructeurs anglais avaient exposé des moulins à farine avec ou sans bluterie. Ces appareils, de petites dimensions en général, et destinés exclusivement aux exploitations rurales, étaient remarquables, pour la plupart, par la solidité et la bonne disposition de leurs bâtis en fonte, qu'il conviendrait d'imiter. Le reste du mécanisme,

bien exécuté d'ailleurs, ne présentait rien de particulier ;
plusieurs détails très-intéressants, adoptés par les constructeurs français, ne se retrouvent même pas chez nos voisins.
Ces petits moulins servent dans les fermes pour l'approvisionnement de la maison, et surtout, en général, pour la mouture
grossière des grains destinés aux animaux. Nous citerons,
comme les plus remarquables par leur bonne exécution,
ceux de MM. Barrett, Exall et Andrews, et de MM. Clayton
et Shuttleworth.

M. Hugues avait exposé un modèle de meule de moulin
mobile dans sa mouture autour de deux axes rectangulaires,
comme les boussoles marines, afin de pouvoir prendre, à
chaque instant de son mouvement de rotation, l'inclinaison
la plus convenable à son fonctionnement.

Les meules françaises jouissent toujours en Angleterre de
leur ancienne réputation. L'examen de ces produits appartient d'ailleurs à une autre classe. Il en est de même des
grands appareils de meunerie. Nous devons cependant parler
de deux exposants dont les machines ont été renvoyées à
l'examen de la classe ix, bien que se rattachant à l art du
meunier.

Le premier de ces exposants est M. Perrigault, de Rennes,
auquel on doit un appareil très-intéressant pour l'aération des
meules et le dépôt des folles farines.

M. Perrigault dirige entre les meules un courant d'air
régulier qui refroidit la boulange, rend le travail plus facile, et améliore la qualité du produit. Le système de ventilation de M. Perrigault est très-bien entendu, il possède tous
les moyens de réglage nécessaires. et paraît supérieur aux
dispositions employées antérieurement, car le principe de
la ventilation des meules n'est pas nouveau.

L'appareil pour le dépôt des folles farines semble, au contraire, n'avoir pas encore été employé, et repose, dans tous
les cas, sur une observation fort curieuse. M. Perrigault
s'est aperçu, en effet, que les poussières légères qui flot-

tent indéfiniment dans l'air d'une chambre se déposent, au contraire, rapidement quand elles approchent de la surface des corps solides, qui paraissent exercer sur elles une véritable attraction. Au lieu d'amener les folles farines dans une grande chambre ne présentant que ses quatre murs, comme on le fait habituellement, et où le dépôt est lent, imparfait et accompagné d'inconvénients de toute sorte, M. Perrigault a donc eu l'idée de conduire l'air sortant des meules et chargé de folle farine dans une caisse plate, peu épaisse, et partagée en plusieurs compartiments par des planches minces, très-rapprochées les unes des autres et destinées à multiplier les surfaces qui facilitent le dépôt. L'emploi des appareils de M. Perrigault a été expérimenté avec succès dans plusieurs usines, notamment par l'administration de la marine, à Brest, et par l'usine Scipion, à Paris.

Le second appareil se rattachant à la meunerie dont nous avons à parler est l'étuve à farine de M. Touaillon. L'étuvage des farines est une opération quelquefois indispensable et souvent fort utile pour leur conservation, mais qui exige, pour être bien exécutée, des conditions particulières assez difficiles à réaliser. La simplicité de la méthode de M. Touaillon assure son succès. Son étuve se compose simplement d'une grande cuvette peu profonde, en tôle galvanisée, avec un double fond où circule un serpentin traversé par un courant de vapeur. Quatre bras en bois, armés de brosses, tournent autour d'un axe vertical placé au centre de la cuvette. Les brosses remuent lentement la farine placée dans l'étuve, et la font arriver plus ou moins vite, selon qu'elle a besoin d'être plus ou moins séchée, jusqu'à l'ouverture par laquelle on la recueille. L'étuve, étant complétement ouverte, est facile à surveiller et à entretenir parfaitement propre. Un grand nombre de ces appareils existent en France et à l'étranger, particulièrement en Amérique.

§ 4. — Broyeurs, concasseurs et aplatisseurs.

L'habitude, si générale en Angleterre, de faire entrer dans la nourriture des animaux une assez forte proportion de grain broyé, ou seulement concassé, a conduit à imaginer un très-grand nombre d'appareils de cette classe. Mais peu à peu les meilleurs modèles se sont substitués aux autres, et si, maintenant, les concasseurs sont très-nombreux dans les concours, les dispositions réellement différentes les unes des autres se réduisent à un très-petit nombre.

Les broyeurs et les concasseurs se rapportent à deux types principaux. Ces instruments se composent de rouleaux cannelés ou striés, plus ou moins rapprochés; ou bien sont formés de deux surfaces coniques, l'une convexe et l'autre concave, sillonnées d'entailles longitudinales, et disposées à peu près comme la noix des moulins à café ordinaires.

L'aplatissement des graines, spécialement de l'orge et de l'avoine, s'exécute ordinairement entre des surfaces cylindriques unies, d'un assez grand diamètre et d'une faible largeur. On dit en Angleterre que l'avoine traitée par cet instrument fait d'un vieux cheval un jeune, et d'un jeune un diable. Il est certain, en effet, que l'on évite la perte de beaucoup de graines que les chevaux n'ont pas le temps de broyer et qu'ils ne digèrent pas, surtout quand ils travaillent beaucoup et qu'ils sont obligés de consommer en peu de temps de fortes rations d'avoine.

Les instruments de cette subdivision doivent être solides, composés de matériaux de très-bonne qualité, et posséder des moyens de réglage suffisants pour obtenir avec chaque sorte de graine le degré de broyage le plus convenable. Sous ces divers rapports les concasseurs et les aplatisseurs de M. Turner, d'Ipswich, ne laissent rien à désirer. Les concasseurs de MM. Richmond et Chandler et de plusieurs autres fabricants sont aussi d'une excellente construction.

Il convient encore de placer à côté des machines précédentes les broyeurs de tourteaux, instruments très-simples et fort commodes pour réduire en poudre ou en petits fragments les tourteaux que l'on emploie comme engrais ou comme aliment du bétail.

§ 5. — Hache-paille

Bien que le hache-paille soit un instrument très-connu et qu'il en existe beaucoup de bons modèles, on en rencontre encore souvent de très-médiocres. Il ne sera donc pas inutile de s'arrêter un instant à cette classe d'instruments, dont l'emploi se généralise de plus en plus avec l'extension des cultures perfectionnées, des distilleries, etc.

On sait qu'il y a dans les hache-paille trois dispositions principales des lames. Tantôt, la lame, guidée par une bielle, est animée d'un mouvement alternatif, comme dans les hache-paille dits à guillotine, dont l'usage est maintenant tout à fait abandonné; tantôt, les lames sont disposées à la surface d'un cylindre creux, suivant une hélice allongée. Cette disposition, encore adoptée dans de bons instruments, tend cependant à disparaître également. Les lames doivent avoir une forme un peu contournée, pour agir convenablement, ce qui rend difficile leur affûtage et leur réglage. Enfin, dans la disposition généralement préférée aujourd'hui, les lames sont fixées dans le plan d'un volant, perpendiculairement auquel s'avance le fourrage à couper. Le tranchant des lames est convexe, mais plan, et l'affûtage et le réglage sont beaucoup plus faciles. Le mécanisme se réduisant à un volant, on obtient sans peine la force et la précision nécessaires.

La partie tranchante du hache-paille est sans contredit la plus importante. Cependant, le mécanisme destiné à faire avancer la paille exerce aussi une grande influence sur le fonctionnement de ces machines. Le fourrage doit être con-

venablement comprimé pendant le passage du couteau : si
la pression est insuffisante, le coupage se fait mal et la lame
se fatigue; si, au contraire, elle est trop énergique, on dépense en pure perte une force plus ou moins considérable.
Ce mécanisme doit donc être disposé de manière à exercer
une pression régulière, quelles que soient les variations de
l'alimentation. De plus, il doit donner le moyen de varier la
longueur de la paille hachée dans des limites assez étendues.

Tous les constructeurs anglais de quelque réputation font
convenablement les hache-paille. Nous mentionnerons entre
autres ceux de MM. Richmond et Chandler.

Les hache-ajonc sont des instruments destinés à rendre
beaucoup de services dans nos pays de landes. Un très-bon
instrument de cette espèce est celui de MM Barrett, Exall et
Andreews, avec lequel deux chevaux attelés à un manége
peuvent fournir par jour 90 hectolitres d'ajonc coupé et convenablement brisé.

Dans l'exposition française, on remarquait le grand hache-
paille de M. Albaret, dont les dispositions mécaniques sont
très-bonnes, et supérieures, à plusieurs égards, à celles des
instruments similaires de la Grande–Bretagne.

§ C. — Coupe-racines.

Les instruments destinés à préparer les racines pour la
nourriture des animaux peuvent se partager en trois divisions principales : ceux qui coupent les racines en lames,
ceux qui les découpent en prismes réguliers, et enfin ceux
qui les réduisent en une pulpe grossière, très-facile à mélanger intimement avec certains fourrages secs très-absorbants.

Les coupe-racines ordinaires, le plus habituellement employés dans nos campagnes, se composent, en principe, d'un
disque en fonte monté sur un arbre horizontal, et présentant
un certain nombre d'ouvertures étroites, allant du centre à

la circonférence, sur les bords desquelles sont fixées des lames tranchantes. Les racines jetées dans une trémie placée contre le disque rencontrent les couteaux quand on met le disque en mouvement, et se trouvent divisées en tranches dont l'épaisseur est réglée par la saillie de lames sur le plan du disque

Les coupe-racines anglais étaient très-bien exécutés, notamment ceux de M. Turner, mais ne présentaient d'ailleurs aucune particularité remarquable.

Les coupe-racines à disque ne seraient pas assez puissants pour les très-grandes exploitations, et surtout pour les distilleries; il est donc avantageux, dans beaucoup de cas, de leur substituer des instruments dans lesquels les lames sont placées à la surface d'un cône vertical entouré d'une trémie dans laquelle on jette les racines. Le coupe-racines de Grignon appartient à cette classe d'appareils, qui, plus ou moins modifiés par chaque constructeur, se trouvent maintenant dans presque toutes nos distilleries, et rendent d'excellents services. M. Radidier avait également exposé un coupe-racines à cône horizontal convenablement disposé, et d'une exécution solide.

Il est quelquefois nécessaire, pour les moutons surtout, de découper les racines, non plus en lames, mais en prismes plus ou moins allongés. On peut, à la rigueur, obtenir ce résultat en donnant aux couteaux de l'instrument précédent une forme dentée, ou bien en plaçant de petites lames perpendiculaires au disque dans la lumière par laquelle sortent les tranches. Mais le travail est rarement tout à fait satisfaisant, et l'affutage des lames devient plus compliqué. On a donc construit en Angleterre, surtout pour couper les navets destinés aux moutons, un instrument spécial formé d'un cylindre horizontal, dont la surface présente des emporte-pièce très-bien disposés et qui font un travail irréprochable. Le même instrument, en faisant tourner le cylindre en sens contraire, peut aussi servir à couper des tranches. Cet excellent appareil a souvent figuré dans nos concours; il **mérite** une attention spéciale.

Les dépulpeurs se composent d'un cylindre plein dans lequel sont implantées, selon des lignes hélicoïdales, les dents destinées à déchirer les racines contenues dans une trémie fixée au-dessus de ce cylindre. Les dents se nettoient en passant entre les filets d'une vis dont le pas est le même que celui de l'hélice suivant laquelle les dents sont implantées sur le cylindre. Cet instrument, très-ingénieux et très-efficace, est connu sous le nom de *dépulpeur de Bentall*. Il est fort bien exécuté par plusieurs fabricants.

Les laveurs de racines, qui devraient se placer avant les instruments précédents, sont les mêmes en Angleterre et en France. Nos bons constructeurs les établissent fort bien et avec tous les perfectionnements nécessaires.

§ 7. — Appareils divers

La cuisson des aliments pour le bétail se fait généralement à la vapeur dans des vases séparés de la chaudière, et tournant facilement autour d'un axe horizontal convenablement placé pour rendre faciles les manœuvres de remplissage ou de vidange. L'appareil de MM. Amies et Barford, formé d'une petite chaudière et de deux vases pour la cuisson placés à droite et à gauche, et que tout le monde connaît, est encore un des plus employés en Angleterre. Les appareils de cuisson ont été très-étudiés en France depuis quelques années; on en trouve de très-bien disposés chez beaucoup de fabricants : il serait inutile de s'y arrêter plus longtemps.

Les installations complètes de porcheries et de vacheries, exposées par M. Musgrave, seraient trop coûteuses pour nos fermes, mais elles présentent plusieurs ustensiles que l'on peut acheter séparément, et qui sont bien entendus. Nous citerons particulièrement les auges à porcs, qui peuvent être tirées en dehors de la loge comme un tiroir, et dont le nettoyage et le remplissage sont très-faciles. Cette disposition est plus simple que les portes ordinairement employées.

Les pompes à incendie, à purin, à engrais liquides et de jardinage, faisaient partie des objets soumis à une autre classe. Je n'ai pas à les examiner en détail, mais je dois dire que les pompes des bons constructeurs français sont généralement mieux étudiées que les pompes anglaises. Les pompes à engrais liquides des mécaniciens anglais sont à plongeur, fort bien exécutées, bien ramassées, mais elles pèchent, presque toutes, par l'insuffisance des tuyaux d'aspiration et de refoulement, défaut d'autant plus utile à signaler qu'il est peu apparent quand on n'étudie pas la machine avec une attention toute particulière, et, pour ainsi dire, le mètre et le compas à la main.

Les appareils de pesage et de mesurage pour les grains, le bétail, etc., compris pour mémoire dans la classification anglaise des machines agricoles, ont été renvoyés à une autre classe du jury. Nous n'avons pas à parler ici de ces instruments si utiles à la bonne administration des exploitations rurales.

CHAPITRE III.

USTENSILES DE LAITERIES.

Cette classe très-nombreuse d'appareils n'était malheureusement représentée à l'Exposition que par un fort petit nombre d'objets. Cette lacune est d'autant plus regrettable que les ustensiles de laiteries sont très-soignés et fort bien disposés dans plusieurs comtés de l'Angleterre. On se bornera aux quelques indications suivantes.

On remarquait dans l'exposition suédoise un assortiment complet d'ustensiles de laiteries à beurre en fer-blanc, que l'on dit très-employés dans le pays. Les vases à faire crémer le lait sont surtout intéressants; ils sont rectangulaires, très-peu profonds, et munis à chaque angle d'un petit ajutage pour faire écouler le lait liquide, tandis que la crème douce reste seule en couche mince, facile à enlever avec une spatule de forme appropriée.

La Norwége exposait un appareil de même espèce, mais fort remarquable par sa belle exécution. Un vase en fonte, rectangulaire et très-peu profond, reçoit le lait doux. Un grand couteau de bois, porté sur deux galets qui roulent sur les grands côtés parfaitement horizontaux du vase, sert à amener la crème, lorsqu'elle est montée, vers un des petits côtés terminé en pente douce, où l'ouvrier la recueille facilement. Pour faire couler le lait encore liquide, lorsque la crème est enlevée, il suffit d'agir sur un levier qui soulève le côté du vase opposé à celui dont on vient de parler.

Les deux écrémeurs dont il vient d'être question n'ont rien de nouveau en principe, mais ils sont commodément installés, et le second, surtout, pourrait rendre service dans certaines laiteries où l'on désire avoir de la crème très-douce, sans donner au reste du lait le temps de se cailler.

Dans l'exposition anglaise, un appareil destiné à faciliter l'opération du délaitage du beurre paraissait bien conçu. S'il opère aussi convenablement qu'on l'affirme, cet instrument pourrait rendre des services; on sait, en effet, combien l'enlèvement du lait de beurre est difficile, et combien cependant cette opération influe sur la qualité du produit, surtout quand on doit le conserver.

Enfin, comme instruments de fromagerie, on citera les presses à poids et à vis, si commodes pour obtenir une pression constante et longtemps soutenue, condition essentielle au succès de la préparation de certains fromages. Ces machines, connues depuis assez longtemps déjà, sont très-ingénieusement disposées, et l'on pourrait, en faisant le bâti en bois et en ne conservant en métal que les parties essentielles du mécanisme, les avoir à prix assez bas sur le continent.

CHAPITRE IV.

VÉHICULES ET HARNAIS.

Les appareils de transports agricoles ont, en Angleterre, une véritable supériorité sur les nôtres, et sont, d'ailleurs, parfaitement appropriés aux besoins de nos exploitations.

Tous les rapports faits sur les expositions universelles ont tour à tour insisté sur l'excellence des voitures agricoles anglaises. Je ne pourrais que répéter ce que mes prédécesseurs ont si bien expliqué; je me bornerai donc à insister de nouveau sur l'excellence de leurs conseils à cet égard.

L'établissement des *Trustees of Croskill*, Beverley, est au nombre des meilleures fabriques de véhicules en Angleterre; ses voitures montées et ses pièces détachées sont également bien exécutées.

Les voitures des mêmes constructeurs pour le transport de l'eau et des engrais liquides méritent aussi une citation toute particulière. Le distributeur de l'engrais liquide, fixé derrière la caisse qui le contient, est extrêmement simple et solide; il prend facilement la position nécessaire pour être horizontal, quelle que soit l'inclinaison du sol. Il peut, d'ailleurs, s'appliquer à toute espèce de tonneau à purin. Les cultivateurs qui hésiteraient à acheter l'appareil anglais complet, feraient bien de se procurer le distributeur pour l'appliquer à leurs tonneaux ordinaires.

SECTION V.

DRAINAGE, DESSÉCHEMENTS, IRRIGATIONS.

———

Ces trois grandes classes de travaux du génie rural n'é-
taient point, tant s'en faut, représentées à l'Exposition comme
elles auraient pu l'être. Ces opérations sont maintenant exécutées d'une manière si générale, que les auteurs de beaucoup de travaux véritablement dignes d'éloges négligent de
les porter à la connaissance du public agricole, qui perd
ainsi de précieux exemples et d'utiles objets d'émulation.

La rareté relative des plans de drainage, d'irrigation et
de desséchement dans les expositions est un fait véritablement regrettable, et que nous signalons dans l'espoir que les
nombreux propriétaires qui s'occupent d'améliorations foncières feront mieux connaître, dans les prochains concours,
leurs efforts et leurs succès.

Il sera donc impossible de donner sur les travaux de cette
espèce autant de renseignements qu'on aurait pu le désirer.
On se bornera aux observations suivantes.

CHAPITRE PREMIER.

DRAINAGE.

§ 1. — Exécution des travaux.

Le drainage est devenu, en Angleterre et en France, une
opération tellement usuelle, qu'il serait oiseux d'insister sur
son exécution ou sur ses avantages. Depuis dix ans, époque

à laquelle remonte seulement la première publication française sur ce précieux mode d'assainissement du sol, il a été dépensé dans notre pays plus de 30 millions de francs en travaux de cette nature. Il existe maintenant des fabriques de tuyaux dans la plupart de nos cantons, et il est presque partout facile de se procurer de bons ouvriers et des entrepreneurs capables.

Ainsi que l'avaient prévu les personnes qui ont fait une étude spéciale des procédés de drainage, l'ouverture des tranchées à l'aide d'instruments à bras est resté le procédé le plus convenable et le seul pratiqué jusqu'à présent. Les charrues de drainage, malgré ce qu'elles présentaient d'ingénieux comme mécanisme, ont disparu des concours et ne se sont point installées dans les champs. Le problème du drainage mécanique n'est pas résolu économiquement parlant, et les mécaniciens, depuis quelques années, semblent même avoir renoncé à poursuivre sa solution.

Les bons modèles d'instruments de drainage à main se sont aussi tellement vulgarisés que les meilleurs fabricants n'ont même pas jugé nécessaire d'en placer dans leurs expositions. C'est un oubli fâcheux, car une exécution hors ligne, pour les instruments les plus usuels, est un mérite véritable toujours utile à faire connaître.

Parmi les accessoires nécessaires à l'exécution des drainages, il convient de mentionner les tuyaux en fonte, à grille, avec ou sans clapets, pour bouches de sortie des drains, exposés par MM. Amies et Barford.

2. — Machines à faire les tuyaux.

Les machines à faire les tuyaux n'étaient point fort nombreuses, et ne présentaient d'ailleurs aucune disposition nouvelle importante. M. Whitehead exposait ses bonnes machines à action intermittente à bras ou à vapeur. M. Clayton avait, dans la galerie des machines en mouvement, un appareil pour une grande fabrication de briques ou de tuyaux. Cette machine, qui a déjà figuré dans plusieurs concours, se compose d'un broyeur, d'un malaxeur, et d'une caisse à piston placée sous ce dernier, et terminée par une filière pour briques pleines ou creuses, ou pour tuyaux. Le nombre des établissements où elle serait applicable en France, pour la fabrication des tuyaux, est peu considérable. Comme machine à briques, son examen appartient à un autre jury.

Parmi les machines des autres pays figurait une bonne copie de la machine de M. Schlosser, de Paris, que nous avons vue avec satisfaction appréciée à l'étranger comme elle l'est chez nous.

L'Exposition ne renfermait ni modèles, ni plans de fours nouveaux pour la cuisson des tuyaux. Les fours à coupole sont toujours les plus généralement employés en Angleterre pour les petites et les moyennes fabriques.

Les fours régénérateurs de M. Siémens sont, dit-on, employés dans quelques grandes usines, mais je n'ai point eu l'occasion de les étudier en détail. Leur principe est évidemment applicable avec avantage aux fours à chaux et aux fours à poterie.

Il est fâcheux qu'on n'ait point continué à chercher à construire des fours spéciaux et facilement transportables pour la cuisson des tuyaux, dont la fabrication aurait pu suivre ainsi, en quelque sorte, l'exécution des travaux.

§ 3. — Plans de drainage

Les plans de drainage, comme on l'a déjà dit, étaient malheureusement peu nombreux. La France seule comptait un certain nombre d'exposants dans cette spécialité, parmi lesquels on citera les suivants :

M. Vandercolme a présenté le plan de ses drainages de Rixpoëde (Nord). On sait que cet honorable propriétaire a démontré le premier, dans son département, que le drainage à tuyaux remplace avec avantage les fossés à ciel ouvert, employés depuis longtemps dans ce pays pour l'assainissement des terres. Ces fossés occupent souvent, en pure perte, un trente-cinquième de la surface du sol, et sont une source d'embarras de toutes sortes pour les cultivateurs. L'exemple de M. Vandercolme a été rapidement suivi, et des travaux semblables aux siens s'étendent maintenant à la surface de plusieurs communes.

M. Aboilard, l'un de nos principaux entrepreneurs de drainage, a exposé les plans de quelques uns des nombreux drainages qu'il a exécutés, et le dessin d'une grille de bouche de son invention très-bien disposée.

Enfin, M. Barbier a également exposé les plans de quelques-uns des travaux de drainage et autres travaux agricoles qu'il a fait exécuter pour divers propriétaires (1).

CHAPITRE II.

DESSÉCHEMENTS ET IRRIGATIONS.

§ 1ᵉʳ. — Desséchements.

On sait que l'Angleterre ne le cède qu'à la Hollande pour l'importance de ses desséchements et l'étendue de ses polders; malheureusement, il n'a été exposé ni plans, ni documents relatifs à des travaux de cette nature, bien que la classification anglaise en ait fait mention.

Les desséchements des terrains situés à un niveau inférieur à celui des eaux environnantes, se faisaient autrefois, en Angleterre comme en Hollande, à l'aide de moulins à vent. Ces anciens moteurs disparaissent chaque jour des pol-

____

(1) Le jury de la neuvième classe a décidé qu'il n'accorderait pas de récompenses aux travaux d'améliorations foncières figurant seulement par des plans à l'Exposition.

ders anglais, et sont remplacés par des machines à vapeur.
On substitue, en même temps, aux anciennes vis hollandaises
d'autres appareils élévatoires, tels que les grandes écopes et
les roues à palettes. Depuis quelques années on a fait l'application à un certain nombre de dessèchements importants
d'une machine qui fut très-remarquée à l'Exposition de 1855,
la pompe centrifuge d'Appold. Les dessèchements de Whitle-
sea Meer et de quelques autres marais ont été exécutés avec
des machines élévatoires de ce système, qui offrent, en effet,
des avantages sérieux pour certains dessèchements. Un de nos
collègues du jury, dont le nom est bien connu des personnes qui s'occupent de mécanique agricole, M. Amos,
avait exposé une magnifique pompe de cette espèce, conduite par une machine à vapeur de 40 chevaux, et destinée
à élever l'eau à 1^m,80 de hauteur.

Cette grande machine, dont l'étude mécanique appartient
à une autre classe, devait être mentionnée ici au point de
vue de ses applications agricoles. Nous devons citer au même
point de vue, mais pour élever l'eau à de plus grandes hau-
teurs, la pompe de M. Letestu et la très-remarquable pompe
à deux pistons de M. Farcot.

§ 2. — Irrigations.

Les irrigations occupent en Angleterre beaucoup plus d'é-
tendue qu'on ne le croit généralement, et présentent ordinairement un remarquable degré de perfection.

Tout le monde connaît les belles irrigations créées par le
duc de Portland, près de Mansfield, et si parfaitement décrites dans un remarquable mémoire publié par leur propriétaire actuel, l'honorable M. E. Denison, speaker de la
Chambre des communes. Les environs d'Édimbourg, et plusieurs autres localités, offrent de très-beaux spécimens d'arrosages de création assez récente, mais il existe aussi de
très-anciennes irrigations dans l'ouest et le sud-ouest de l'An-

gleterre. Toutes ces irrigations sont naturellement des arrosages à grands volumes d'eau, analogues a ceux du nord, du centre et de l'est de la France. On pouvait donc espérer trouver à l'Exposition d'utiles enseignements sur les travaux de cette espèce. Malheureusement, les propriétaires anglais se sont abstenus, comme pour les drainages, de mettre leurs plans sous les yeux du public.

En revanche, l'exposition de l'Inde anglaise offrait quelques modèles des appareils employés par les natifs pour se procurer de l'eau, et m'a permis, grâce à l'obligeance extrême de M. Mérivale, l'un des hauts fonctionnaires de l'administration de l'Inde, de compléter les renseignements que je réunis depuis longtemps sur les irrigations de ce pays. Il ne sera pas inutile de dire ici quelques mots de ces grands travaux, qui peuvent servir d'exemples aux entreprises de même espèce que réclament le midi de la France, l'Algérie et nos autres colonies.

L'Inde, avant la conquête anglaise, avait possédé, à une époque reculée, de vastes surfaces arrosées, soit à l'aide de réservoirs, soit au moyen de dérivations. Mais ces travaux tombaient en ruine, pour la plupart, et l'on ne saurait assez admirer la persévérance et l'énergie avec lesquelles l'Angleterre travaille au développement des arrosages indiens et poursuit l'exécution de travaux immenses, qui seront le plus grand monument de la civilisation britannique dans ces contrées lointaines.

Parmi ces grandes entreprises, figure en première ligne le canal du Gange, terminé seulement il y a quelques années, sous la direction du colonel Cautley, qui a suivi pendant presque toute leur durée ces grands et difficiles travaux.

Le canal proprement dit commence à Mirzapour, où se trouvent les travaux régulateurs de la prise d'eau; il se dirige, à travers un pays très-accidenté, vers Roorkie, et traverse, près de cette ville, la rivière Saloni, sur un pont-aqueduc de quinze arches de 15^m,24 d'ouverture chacune. Il se maintient ensuite sur le faîte qui sépare le Gange de la rivière Jumna, jusqu'au droit de Koël, où il se sépare en deux branches, dont l'une va rejoindre le Gange à Cawnpore et l'autre le **Jumna,** près d'Étavah. Trois autres branches principales se soudent au canal dans sa partie supérieure : l'une se dirige vers Futthghur, la seconde vers Bolundshak, et la troisième vers Koël. Ces deux dernières se réunissent pour arroser le district de Hatraas.

La longueur du canal principal et des branches que l'on vient d'indiquer est de 1,430 kilomètres environ. Les ouvrages d'art comprennent de nombreuses digues, neuf cent deux ponts, deux cent quatre-vingt-dix-sept ponceaux d'assainissement, seize chutes, vingt et une écluses et pertuis navigables, et beaucoup d'autres ouvrages accessoires. Le débit à Roorkie est de 191^{mc},4 par seconde. La surface arrosée sera de 1,818,000 hectares.

La dépense totale a été de 37 à 38 millions de francs. Les revenus directs du canal et de ses dépendances s'élèvent à 6 ou 7 0/0 de cette somme, et les revenus indirects, résultant de la plus-value de l'impôt foncier, à 20 ou 25 0/0 de ce même capital.

Nous ne parlerons pas des nombreux travaux d'irrigation projetés ou en cours d'exécution dans l'Inde, ni des canaux dérivés du Jumna et de plusieurs autres rivières, dont les résultats sont si admirables. Nous dirons seulement, parce que cette méthode trouverait en Algérie de nombreuses applications, que les arrosages à l'aide de réservoirs sont très-multipliés dans certaines parties de l'Inde. La seule province de Madras en compte, dit-on, au moins quarante mille, qui rapportent à l'État plus de 35 millions de francs.

L'exposition française renfermait, relativement aux irrigations, plusieurs objets d'études intéressantes.

Un atlas très-complet du canal de Carpentras, accompagné de documents, faisait partie de l'exposition collective réunie par les soins du ministère de l'agriculture, du commerce et des travaux publics.

Le canal d'irrigation de Carpentras prend ses eaux à la Durance. Sa portée, en basses eaux, est de 10 mètres cubes ; mais elle peut aller jusqu'à 16 mètres cubes par seconde. La surface totale qu'il peut arroser est de 26,939 hectares. Plus du tiers de cette étendue est déjà irriguée. Le développement de la ligne principale est de 38,357^m,48 ; celui de ses cinq principales dérivations est de 32,719^m,20, et, enfin, la longueur des rigoles de distribution, dites filioles, est de 362,588^m,60, de sorte que la longueur totale du réseau est de 478 kilom., 665^m,28.

Ces travaux ont été exécutés au compte d'un syndicat de propriétaires intéressés, exemple bien digne d'être cité de la puissance de l'initiative individuelle et de l'association. Ils ont été dirigés, depuis leur origine jusqu'à leur achèvement, avec un zèle et une persévérance dignes des plus grands éloges, par M. Conte, alors ingénieur ordinaire des ponts et chaussées, sous la direction successive de MM. Perrier et Gendarme de Bevotte, ingénieurs en chef du département de Vaucluse.

M. le comte du Couëdic a exposé un dessin et un plan en relief de son domaine du Lézardeau (Finistère), où, à l'aide d'importants travaux d'irrigation, il a transformé en bonnes prairies des landes incultes. Le gouvernement français, appréciant les efforts de M. le comte du Couëdic, vient d'instituer au Lézardeau une école de drainage et d'irrigation appelée, il faut l'espérer, à rendre des services à la pratique de ces travaux (1).

Dans les entreprises relatives aux irrigations ou à l'établissement des usines hydrauliques, on a souvent besoin de maintenir constant le niveau d'un bief, quel que soit son débit, ou, réciproquement, d'obtenir un débit constant, quelles que soient les variations du niveau du réservoir.

M. Chaubart a résolu ce problème délicat d'une manière

____

(1) Voir la note, page 193.

extrêmement simple et pratique, au moyen d'une vanne qui s'incline d'elle-même plus ou moins, suivant les besoins, en roulant librement sur une courbe convenablement tracée. Cette vanne autorégulatrice peut rendre de nombreux services : il est utile d'appeler sur elle l'attention des cultivateurs et des industriels, si souvent en discussion pour l'usage de l'eau.

M. Kramer avait exposé un plan en relief indiquant la disposition d'une prairie du royaume d'Italie. Ces arrosages, bien connus d'ailleurs, attirent toujours l'attention, quand on pense combien on pourrait, en France, multiplier le nombre des irrigations de cette espèce.

SECTION VI.

OUTILS, MACHINES ET APPAREILS DE JARDINAGE ET OBJETS DIVERS.

———

CHAPITRE PREMIER.

SERRES, MACHINES A TONDRE LES GAZONS, ETC.

§ 1ᵉʳ. — Serres.

Les serres se placent au premier rang par leur importance, parmi les moyens dont dispose l'horticulteur pour acclimater ou entretenir les plantes délicates et orner les jardins.

L'exposition anglaise contenait un assez grand nombre de serres, dont aucune, on est forcé de l'avouer, ne semblait remarquable par son élégance ou son exécution. Il est véritablement étonnant que l'Angleterre, qui possède l'admirable serre de Kew, et tant d'autres qu'il est inutile de citer, n'ait pas présenté de spécimens plus remarquables que ceux qui étaient exposés. Nos regrets de l'absence des constructeurs français de cette spécialité ont été d'autant plus vifs, qu'il n'est pas douteux, par exemple, que la serre dont MM. d'Oreilly et Dormois exposaient un dessin, n'ait été jugée infiniment supérieure à toutes celles de la collection anglaise.

Si les serres exposées nous ont paru sans intérêt, il n'en est pas de même des appareils de chauffage à eau chaude, qui sont généralement très-simples, bien entendus, et d'un prix modéré. M. J. Weeks avait une fort belle exposition dans cette spécialité.

Soit dans l'exposition anglaise, soit dans les expositions étrangères, je n'ai rien remarqué, comme objet d'ornement, ou comme objet d'utilité, qui ne soit parfaitement connu en France et exécuté d'une manière au moins aussi remarquable que partout ailleurs. L'exportation des articles de jardinage serait sans doute assez facile pour nos fabricants, et il est regrettable que l'Exposition ne contienne aucun des articles de cette industrie.

§ 2. — Machines à tondre les gazons.

Comme instrument important dans les jardins d'agrément anglais, on doit citer seulement les machines à tondre les gazons. Ces appareils, formés essentiellement d'un cylindre compresseur en fonte, précédé d'une série de lames hélicoïdales placées à la surface d'un plus petit cylindre, coupent l'herbe très-court et très-régulièrement. Ils sont fréquemment employés sur les pelouses des parcs et des plus petits jardins. C'est en partie à l'usage répété de cette machine que les gazons anglais doivent cet aspect particulier qui frappe les étrangers. Mais le succès même de cette opération tient en grande partie à la régularité de la température et à l'humidité habituelle de l'air. Dans beaucoup de parties de la France, les gazons ne supporteraient pas, à moins de précautions extrêmes, d'être coupés aussi ras et aussi souvent. Ces machines sont, du reste, extrêmement ingénieuses, et leur exécution est on ne peut plus soignée. Les machines exposées par MM. Schanks et fils paraissent les plus dignes d'attention. Leurs prix s'élèvent de 121 fr. 25 à 700 francs, selon leurs dimensions, qui varient depuis la force d'un enfant à celle d'un et même de deux chevaux.

CHAPITRE II.

OBJETS DIVERS.

§ 1ᵉʳ· — Bâtiments, meules, clôtures.

La classification anglaise range dans cette dernière division un certain nombre d'articles que nous avons eu déjà l'occasion d'énumérer, en les classant dans les chapitres auxquels ils semblaient appartenir naturellement. Il ne reste donc à faire ici que quelques observations qui n'ont pu trouver place ailleurs.

Nulle part les bâtiments de fermes n'ont fait l'objet de plus d'études et ne sont en général mieux entendus qu'en Angleterre. Malheureusement, les plans et modèles de constructions rurales faisant presque entièrement défaut dans les galeries de l'Exposition, ne peuvent donner lieu ici à aucune appréciation de quelque intérêt.

L'emploi des meules, soit isolées dans les champs, soit réunies dans des cours spéciales, est très-répandu en Angleterre. Leur construction est soignée et mériterait même, surtout en ce qui concerne les fourrages, une étude particulière. Pour ne pas sortir ici des attributions de la classe IX, on se bornera à mentionner l'habitude, très-bonne à imiter, d'établir les meules sur une charpente en bois ou en fer, reposant sur de petits piliers en fonte. Une espèce de calotte, également en fonte, est placée au sommet de ces supports, et s'oppose, de la manière la plus simple, à l'arrivée des animaux destructeurs qui cherchent à s'introduire dans la meule en grimpant le long des supports ordinaires. La récolte se trouve ainsi mise à l'abri de l'humidité du sol et de l'envahissement de la vermine, moyennant une faible dépense.

Les procédés de couverture des meules, si divers selon

les pays, ne figuraient à l'Exposition que par un modèle de toit hollandais. Cet appareil, connu depuis longtemps, est ingénieux, mais d'un prix assez élevé pour rendre très-rare son usage dans notre pays.

La construction des clôtures en fils métalliques et de tous leurs accessoires, grilles, barrières, etc., occupe en Angleterre plusieurs usines importantes. Ces clôtures en fils de fer tendus entre des poteaux, sont employées dans quelques parties de la France, et sont, dans les habitations rurales, d'une application continuelle : il n'est donc pas inutile de signaler le soin apporté à quelques détails d'établissement, et la variété des dispositions proposées par les constructeurs anglais pour ce genre de travaux.

§ 2. — Chemins de fer portatifs, élévation des fardeaux.

Les transports entrent pour une si grande part dans les travaux des champs que l'on cherche à en réduire les frais le plus possible. A cet effet, on emploie dans quelques fermes anglaises, pour le transport des engrais et surtout des amendements très-pesants, comme la marne, par exemple, de petits chemins de fer faciles à placer et à déplacer, et qui permettent de réduire le tirage dans une forte proportion. Ces chemins portatifs sont formés de longrines garnies de bandes en fer réunies par des traverses, et formant ainsi des cadres d'un poids proportionné à la force de deux hommes, qui suffisent à leur déplacement et à leur installation. Les cadres se réunissent les uns aux autres d'une manière simple, et l'on parvient ainsi à établir rapidement une voie suffisante pour le passage de petits wagons attelés d'un cheval. Plusieurs fabricants anglais établissent très-bien ce matériel, très-facile d'ailleurs à créer partout où le besoin s'en fait sentir.

Pour soulever des fardeaux et exécuter les manœuvres de force qui se présentent si souvent à la campagne, on peut recommander la poulie différentielle de Weston, espèce de moufle très-simple et d'une excellente disposition. Ce petit instrument, dont le prix est peu élevé, peut être souvent utilisé. Il était exposé par MM. Amies et Barford, de Peterboroug, et par MM. S. et E. Ransomes.

§ 3 — Appareils de féculerie, scieries.

La fabrication de la fécule de pommes de terre est souvent une industrie annexe des fermes, et, à ce point de vue, il est utile de signaler un appareil simple et bien disposé, exposé par M. Huck, de Paris.

Parmi les appareils existants dans presque toutes les fermes anglaises et qu'il serait désirable de voir se répandre davantage en France, on doit citer les scies circulaires. Ces instruments très-simples rendent de nombreux services, et utilisent facilement la force des manéges ou des locomobiles. Les scies circulaires que fabriquent les constructeurs anglais d'instruments agricoles sont en fonte; elles sont ordinairement garnies de guides pour couper le bois sous différents angles, et d'un jeu de tarières pour percer et réparer les mortaises. Leurs dispositions générales et leur exécution ne laissent rien à désirer. Parmi les fabricants qui apportent un soin particulier à ces machines, je citerai MM. Barrett, Exall et Andreews.

§ 4. — Moulins à os, mélangeurs d'engrais.

Dans les grandes fermes anglaises, un certain nombre de propriétaires établissent des moulins pour broyer les os qu'ils font ramasser dans leur voisinage ou qu'ils achètent au marché. L'écart entre le prix des os broyés et celui des os entiers, et la certitude d'éviter les falsifications sur un engrais précieux et d'un prix élevé, suffisent pour payer rapidement la valeur de la machine. Il serait à désirer que cet exemple fût suivi en France, et que nos fabricants fissent établir, pour l'agriculture, des moulins à os comme ceux que l'on trouve en Angleterre. L'établissement des *Trustees of Croskill* en construit de très-bien disposés et de forces diverses.

Comme machines propres à pulvériser et à mélanger les substances destinées à former des engrais composés pulvérulents, on mentionnera encore l'appareil de M. Carr, d'un prix malheureusement élevé, mais qui peut rendre des services aux personnes qui fabriqueraient sur une grande échelle.

§ 5. — Ramassage des cailloux.

Le ramassage des cailloux sur les champs est une opération qui s'exécute ordinairement à la main. Quelques essais ont été tentés pour charger une machine de ce soin, et tout porte à croire que le problème sera facilement résolu. Je me borne à mentionner cette idée, n'ayant pas eu l'occasion de voir fonctionner les machines exposées.

§ 6. — Apiculture.

Les appareils d'apiculture étaient fort nombreux à l'Exposition, mais ils ne présentaient aucune disposition intéressante qui ne soit connue dans notre pays.

RÉSUMÉ ET CONCLUSION.

De l'examen qui précède, si sommaire qu'il soit, ressort d'une manière frappante, comme premier résultat, le développement extraordinaire de la mécanique agricole dans ces dernières années. L'outillage du cultivateur, réduit jadis à un araire grossier, est aujourd'hui aussi nombreux et aussi compliqué que celui des industries les plus perfectionnées. Au grand profit de l'économie et de la perfection du travail, les labeurs si nombreux des champs et de la ferme, dont le fardeau pesait si lourdement sur l'homme, sont aujourd'hui confiés à des machines.

Pour ne citer que les plus remarquables perfectionnements récemment accomplis par la mécanique agricole, ne voyons-nous pas, presque partout, de bonnes et puissantes charrues se substituer à l'ancien araire ; le travail du sol complété par des scarificateurs et des rouleaux énergiques ; le fléau remplacé par la machine à battre ; la faux, la faucille, vaincues par des faucheuses et des moissonneuses mécaniques ; la conservation parfaite et indéfinie des grains devenue possible ; et, enfin, le labourage exécuté dans les grandes plaines à l'aide de la vapeur ?

Les machines, on ne saurait plus le nier, ont pris possession de l'atelier rural comme de l'atelier industriel. Une ruine certaine attend le cultivateur qui s'obstinerait à conserver un matériel suranné, en présence de concurrents puissamment outillés ; il succomberait inévitablement dans la lutte que la concurrence engage sur les marchés entre les producteurs de tous les pays. Une agriculture florissante est désormais impossible sans un capital suffisant, des machines perfectionnées et des engrais puissants. Les succès agricoles de nos voisins n'ont pas d'autre secret.

En ce qui concerne le matériel agricole et les travaux de génie rural, objets spéciaux de ce rapport, peut-on accélérer davantage encore le progrès si rapide qui se manifeste en France depuis quelques années ?

Tout accroisssement de matériel exige un accroissement de capital. C'est assez dire que, parmi les moyens propres à favoriser le développement de notre outillage rural, comme l'amélioration générale de nos cultures, se placent en première ligne les mesures propres à développer le crédit agricole, à diminuer le taux de l'argent dans les campagnes, et surtout à réduire les charges si lourdes qui grèvent le cultivateur. Il ne m'appartient pas de développer ici l'utilité de ces me-

sures, dont l'importance est si généralement comprise aujourd'hui.

Pour un certain nombre de machines, nous avons été heu-
reux de le constater, la France n'a rien à envier à ses voisins. Mais, il faut bien savoir le reconnaître, pour beaucoup
d'autres la fabrication anglaise est supérieure à la nôtre.
Grâce à nos grands constructeurs d'instruments d'agriculture, dont on ne saurait assez encourager les efforts et apprécier la persévérance, le courage et le talent, les produits
français s'améliorent rapidement; mais il reste encore de
nombreux perfectionnements à réaliser et beaucoup de bons
modèles à prendre en Angleterre.

L'introduction de ces modèles, plus facile assurément
qu'elle ne l'était autrefois, est encore entourée de formalités
on ne peut plus gênantes pour les propriétaires étrangers aux
règlements douaniers. En simplifiant autant que possible ces
derniers obstacles, le gouvernement aiderait certainement
beaucoup à la vulgarisation des bonnes machines agricoles.
L'introduction, dans la pratique, d'un instrument nouveau,
exige toujours des essais dispendieux. On ne saurait assez
favoriser les personnes qui ont le courage de les entrepren-
dre, en allégeant pour elles les dépenses et les ennuis de
l'importation. Nos fabricants sont d'ailleurs assez éclairés pour
savoir que chaque importation utile leur vaudra mille com-
mandes.

Les usines importantes peuvent seules arriver à une grande
économie et à une fabrication parfaite des pièces métalliques
des machines agricoles. L'administration ne saurait assez favoriser, par tous les moyens d'encouragement dont elle dispose, les constructeurs habiles et honorables qui s'occupent
de cette spécialité si importante pour le progrès de notre
agriculture. Les expositions des concours régionaux exercent
la plus heureuse influence sur l'industrie des machines agricoles; c'est là que le cultivateur apprend à les connaître et
que se traitent la plupart des marchés. Il importe de dévelop-

per cette utile institution, en **apportant** chaque année, en ce qui concerne les machines, quelques modifications que l'expérience indiquerait comme utiles. Les concours spéciaux de faucheuses et de moissonneuses, qui ont eu lieu en France il y a quelque temps, ont été de la plus grande utilité pour le perfectionnement et la vulgarisation de ces machines. Le temps serait venu d'instituer un concours spécial de labourage à vapeur.

Le drainage fait en France des progrès rapides; son succès est désormais assuré et ne réclame pas de mesures nouvelles de quelque importance. Les irrigations, au contraire, ne peuvent se développer aussi rapidement qu'il est nécessaire sans une vive impulsion donnée aux opérations de cette espèce. Ces entreprises nécessitent presque toutes, en effet, l'accord d'intérêts nombreux, des dispositions législatives particulières, et des avances considérables.

Les travaux anglais, dans l'Inde; ceux de la Belgique, dans la Campine; le succès récent du canal de Carpentras, dans le département de Vaucluse, et de quelques autres travaux moins importants, en Algérie et dans certains départements, sont autant d'exemples qu'il faut se hâter d'imiter. La France utilise à peine 3 0/0 de ses eaux naturelles, elle arrose à peine la même proportion de ses terres irrigables. Nulle amélioration foncière n'a pour notre pays autant d'intérêt que l'irrigation; nulle opération ne réclame aussi impérieusement l'initiative, le concours et les encouragements de l'administration publique.

La plus grande difficulté, du reste, n'est pas de multiplier rapidement, de perfectionner sans cesse les machines agricoles, de les fabriquer aux meilleures conditions, il faut avant tout en faciliter l'emploi, en répandre le goût dans les campagnes. C'est une œuvre de longue haleine qui demande des mesures générales d'un ordre tout différent des précédentes.

Nulle part au monde, le paysan n'est plus intelligent, plus naturellement adroit, plus courageux que dans notre pays; mais trop souvent, malheureusement, l'ignorance paralyse ses précieuses qualités : il est soupçonneux et redoute toute nouveauté à l'égal d'un ennemi. Pour l'agriculteur éclairé, les obstacles naturels sont bien moins redoutables que la résistance qu'il rencontre dans l'apathie et l'ignorance de ses aides ruraux privés de tout développement intellectuel.

Si l'on veut que l'industrie rurale se développe, que les progrès y soient faciles, et que notre génie national, si ardent et si ingénieux, devance dans la voie des perfectionnements agricoles les nations voisines, il faut, avant tout, s'occuper de l'instruction des enfants de la campagne, du développement intellectuel de l'ouvrier des champs; son ignorance est la plaie de notre agriculture, son instruction élémentaire en sera la force et le succès.

Si nous proclamons la nécessité de développer l'enseignement primaire chez l'ouvrier rural, ne négligeons pas de dire que l'instruction des propriétaires agriculteurs, des chefs de cette belle et grande industrie de la terre, doit s'élever aussi.

Tandis que toutes les sciences appliquées possèdent en France un haut enseignement organisé, l'agriculture seule n'a pas son école supérieure. L'art de l'ingénieur agricole n'est enseigné nulle part d'une manière complète et systématique. Combien de jeunes gens, cependant, qui se consument en efforts inutiles dans des carrières encombrées, consacreraient leurs talents à l'amélioration du sol s'ils savaient qu'ils peuvent y trouver l'application des sciences les plus élevées et le développement de leurs plus belles facultés.

PARIS. — IMP. NAPOLÉON CHAIX ET Cie, RUE BERGÈRE.